固定顶油罐
爆炸预测预警技术及应用

夏登友　李 玉　李伟东　杨义旻　李鸿烨　编著

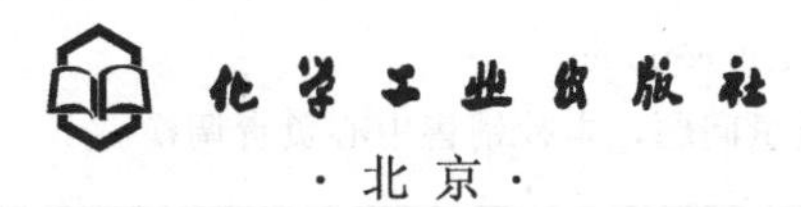

·北京·

内 容 简 介

本书聚焦在受火势威胁的固定顶油罐，从全新的角度出发，首先介绍了油罐爆炸的基础知识以及研究进展；阐述了固定顶油罐力学响应规律并对有限元模拟结果和弱连接结构失效准则进行了验证；设计了模拟火场环境试验，研究火灾环境对雷达形变量测量技术的影响程度；研发了基于毫米波雷达技术开发的形变量测量装置，对固定顶油罐形变量高精度监测以及克服火灾不利环境的监测能力进行了检测；最后分析了我国近年来发生的典型固定顶油罐爆炸事故案例。

《固定顶油罐爆炸预测预警技术及应用》既有理论的总结和探索，又有对实践的指导，具有很强的可操作性，能够有效辅助指挥员更好地科学判断现场情况。本书可作为高等院校相关专业课和选修课的教材，也可作为消防救援队伍和应急救援力量的培训教材。

图书在版编目（CIP）数据

固定顶油罐爆炸预测预警技术及应用/夏登友等编著. —北京：化学工业出版社，2021.2
ISBN 978-7-122-38119-4

Ⅰ.①固… Ⅱ.①夏… Ⅲ.①固定顶罐-爆炸-预警系统 Ⅳ.①TE972②X928.7

中国版本图书馆CIP数据核字（2020）第243573号

责任编辑：张双进　　文字编辑：刘　璐　陈小滔
责任校对：刘　颖　　装帧设计：王晓宇

出版发行：化学工业出版社（北京市东城区青年湖南街13号　邮政编码100011）
印　　装：北京捷迅佳彩印刷有限公司
710mm×1000mm　1/16　印张8¼　字数156千字　2021年4月北京第1版第1次印刷

购书咨询：010-64518888　　售后服务：010-64518899
网　　址：http://www.cip.com.cn
凡购买本书，如有缺损质量问题，本社销售中心负责调换。

定　　价：49.00元

前言

消防救援队伍依法承担着灭火与抢险救援的艰巨任务，为国家经济建设和人民安居乐业保驾护航。国家工业经济建设的快速发展，对石油等能源的需求量激增，我国每年消耗原油超过 5 亿吨。为防范石油供给风险，确保国家能源安全，自 2003 年以来，国家实施了能源安全保障体系建设工程，大量兴建战略石油储备库，容量超过 10 万立方米的超大型石油储罐迅速增多。与普通油罐相比，超大型油罐的油品储量多，一旦失控，燃烧规模大、处置难度高，容易造成从油罐到地面的立体火灾，不仅会造成巨大的经济损失，还会造成严重的环境污染和恶劣的社会影响，甚至威胁国家能源战略安全。2010 年 7 月 16 日中石油大连保税区油库输油管道爆炸，引起 10 万立方米原油罐火灾，形成 6 万平方米地面流淌火，造成大面积近海污染。火灾扑救共用泡沫灭火剂 1300 余吨，其中从省外调集 1000 吨，事故造成直接经济损失两亿三千多万元。

在处置石油罐区火灾时，当未着火的邻近罐体受到着火罐体以及流淌火的热辐射威胁时，邻近罐体随时可能发生爆炸，加重灾情。在灭火救援现场判断受威胁邻近罐体所处状态、何时发生爆炸一直是困扰灭火救援指挥员的一个难题。本著作分为概述、固定顶油罐力学响应规律、固定顶油罐失效判定、固定顶油罐形变量测量技术、固定顶油罐爆炸预测预警装备研发及测试、火灾情况下固定顶油罐爆炸预警技术应用以及案例分析等内容，聚焦在受火势威胁的固定顶油罐，从全新的角度出发，通过对受威胁固定顶罐体的温度、形变量进行监测，判断罐体所处状态，辅助指挥员更好地科学判断现场情况，具有重要的理论意义和应用价值。

参与本书撰写的人员有：夏登友教授（第一章、第七章案例 1），李玉副教授（第二章第一节、第二节，第六章，第七章案例 2），李伟东讲师（第二章第三节、第四节，第四章，第七章案例 3、案例 4），宜昌市消防救援支队杨义旻（第五章），毕节市消防救援支队李鸿烨（第三章）。

中国人民警察大学救援指挥学院、灭火救援技术公安部重点实验室及有关省市消防救援总队的领导和专家对本书的编撰工作给予了大力支持和帮助。在此，谨向所有帮助过我们的领导、专家和同行表示衷心的感谢。

由于作者水平有限，书中难免存有一些不足之处，敬请广大读者批评指正，以臻完善。

编者

2020 年 6 月于中国人民警察大学

目录

第一章 概述

石油是现代工业社会发展不可或缺的原料，自 1993 年起，中国成为石油净进口国，2003 年成为全球第二大石油进口国，2015 年成为全球第一大石油进口国。为维护国家石油安全，建立了自己的石油储备制度，逐步发展和完善符合中国国情的石油战略储备体系。但在储备石油的同时，也带来了潜在的威胁。通过对国内外石油库区火灾进行统计，近 40 年来，石油库火灾多达 200 多起，其中我国的黄岛油库火灾造成十余人死亡，大连先后发生三起油库火灾，事故造成巨大的经济损失，石油类火灾的严重危害给当今灭火救援工作带来了严峻的挑战。

第一节 研究背景和意义

一、研究背景

在处置石油罐区火灾时，当未着火的邻近罐体受到着火罐体以及流淌火的热辐射威胁时，邻近罐体随时可能发生爆炸，加重灾情。在灭火救援现场判断受威胁邻近罐体所处状态、何时发生爆炸一直是困扰灭火救援指挥员的一个难题。以往指挥员是通过前人总结的经验来判断罐体的状态，调整、部署力量，下达撤退命令。由于绝大多数指挥员缺少石油罐区火灾处置相关经验，且指挥员依靠经验的感性判断模糊不准确，在判断罐体发生爆炸的时机上存在较大误差和风险。若因罐体状态判断不准确导致撤退命令下达不及时，一旦发生爆炸将导致救援人员大量伤亡。若撤退命令下达过早，因控制灾情不力，导致灾情进一步扩大，后期处置难度将进一步加大，增加经济损失。因此，当前迫切需要找到一个科学、客观的方法来准确地判断罐体受热辐射威胁时的状态，根据罐体不同的状态，进行合理的判断，下达科学的命令，辅助灭火救援现场指挥员做出科学的指令。

在判断受威胁邻近罐体的状态方面，很多救援领域专家根据以往的救援经验，总结出了一些判断罐体当前状态的方法。例如，通过罐体泄压阀发出的声音、火焰烟的颜色变化等，判断罐体状态，取得了一定的成效，并能辅助指挥员在现场下达命令。但经验判断法毕竟是感性的、不客观的，不能够准确及时地反映罐体当前所处状态。目前国内外已有的研究，缺乏对在油罐火灾现场受威胁罐体各方面的数据，难以进行量化分析研究。因此，总结出一种理性、客观的判断油罐状态的方法，还需要进一步地深入研究。

本书的研究对象聚焦在受火势威胁的固定顶油罐，如何科学地判断其受威胁状态、实现危险情况下的预警是本书研究的主要内容。书中提出通过测量罐体的温度、形变量指标参数来判断罐体状态的思路，通过查阅相关文献资料，目前暂没有成熟的技术装备可实现对油罐火灾现场罐体形变量准确测量，如何实现油罐火灾现场的油罐形变量测量成为实现油罐爆炸预警的技术难点。因此，研发一种能够在油罐火灾现场克服火场不利环境，实现罐体形变量测量的装备，成为实现油罐爆炸预警的关键环节。通过该装备，可以使指挥员在油罐火灾现场通过对油罐的温度、形变量进行动态监测，结合油罐超压爆炸的模拟结果判断油罐当前所处的状态，从而做出科学、准确、合理的命令，最大限度地减少人员伤亡和财产损失。

二、研究意义

消防救援队伍在处置固定顶油罐区火灾时，常常由于灭火救援指挥者不能准确地判断受火势威胁的邻近罐体的具体状态，造成撤退命令下达不准时或救援力量调整分配不合理的情况，严重时会造成救援人员的伤亡及更大的经济损失。本书从全新的角度出发，通过对受威胁固定顶罐体的温度、形变量进行监测，判断罐体所处状态，辅助指挥员更好地判断现场情况，做出科学的判断，本书的研究具有重要的理论意义和应用价值。

1. 理论意义

我国针对爆炸预警技术的研究，主要是通过对反映爆炸的相关技术指标进行分析处理，利用数学工具建立爆炸预警的相关模型，对爆炸预警模型的可行性进行检验，从而实现爆炸预警。目前国内外对火灾情况下固定顶油罐爆炸预警并没有成熟的理论，灭火救援指挥员只能依靠前人总结的救援经验定性地进行判断预警，但是经验判断存在太多的不确定性、模糊性，存有较大风险。本书主要对火灾情况下固定顶油罐爆炸预警技术进行探索研究，通过对罐体的温度、形变量进行监测从而判断罐体当前所处状态，研发一种能够在油罐火灾现场实现对罐体形变量进行精准测量的装备，将火灾现场测量的结果结合油罐超压爆炸的模拟结果判断油罐当前所处的状态，实现对火灾情况下油罐爆炸的预警。本书的研究内容不仅填补了火灾情况下固定顶油罐爆炸预警技术的空白，而且完善了不同情景下的爆炸预警技术。

2. 应用价值

在处置固定顶油罐火灾时，判断受威胁邻近罐体的状态是处置中的关键点。随着火场情况的变化，邻近罐体的状态也会不断变化，战斗过程中力量部署也随之改变。因此，判断受威胁邻近罐体的状态对灾情处置起到关键作用，本书所研究内容的应用价值也表现在两方面。一方面，在火灾情况下保持对受威胁罐体的不间断监测，根据罐体不同的状态变化，辅助指挥员做出针对性的力量调整部署；另一方面，提前预警罐体爆炸的危险，及时将人员和装备撤离现场，最大限度地减少人员伤亡和财产损失。

第二节 油罐爆炸基础知识

储油罐是储存油品的容器，它是石油库的主要设备，存储着大量易燃烧、易挥发、易流淌、易爆炸的油品。一旦发生爆炸事故，极易造成严重的社会影响和经济损失。

一、油品特性

油罐作为石油产品储存的主要容器，由于石油产品本身理化特性，其具备了火灾的危险性。

1. 易燃性

石油产品是烃类化合物，遇火或受热很容易发生燃烧反应。油品燃烧危险性大小可以用闪点、燃点和自燃点进行判断。闪点、燃点、自燃点三者都是有条件的，与油品的化学组成和馏分组成有关。对同一种油品来说，自燃点＞燃点＞闪点。对于不同的油品来说，闪点越高的油品，燃点也越高，但自燃点反而低；反之，闪点越低则燃点也越低，自燃点越高，油品的着火危险性越大。例如，汽油的闪点较低，介于－58～10℃，属于甲 B 类火灾危险品，汽油的燃烧速率为82～96kg/(m^2·h)，水平传播速率也较大，即使在封闭的储油罐内，火焰传播速率也可达 2～4m/s，可见汽油极易发生燃烧，其火灾爆炸危险性很大。

2. 易爆性

爆炸是物质发生非常迅速的物理和化学变化的一种形式。这种形式在瞬间放出大量能量，使其周围压力突变，同时产生巨大的声响。爆炸也可视为气体或蒸气在瞬间剧烈膨胀的现象。由于爆炸威力巨大，它造成的破坏往往是灾难性的。

油品蒸气的爆炸危险性常用爆炸极限表示。爆炸极限包括爆炸下限和爆炸上限，通常用体积分数来表示。其中油蒸气与空气的混合气体遇火源能发生爆炸的最低浓度称为爆炸下限，而能够发生爆炸的最高浓度称为爆炸上限。油蒸气与空气所形成的可燃性混合物，从爆炸下限到爆炸上限的所有中间浓度，在遇有引火源时都有爆炸危险；而且油蒸气爆炸下限越低，爆炸范围越宽，爆炸危险性就越大。混合物浓度低于爆炸下限，既不会爆炸也不会燃烧。混合物浓度高于爆炸上限时，不会爆炸，但可能燃烧。由于油品的蒸气浓度是在一定温度下形成的，所以石油产品除了有爆炸浓度极限外，还有一个爆炸温度极限。油品在一定温度下由于蒸发而形成等于爆炸浓度极限的蒸气浓度，这时的温度称为“爆炸温度极限”。所以对应于爆炸浓度的上、下限，相应有爆炸温度的上、下限，用爆炸温度极限来判断油品的爆炸危险性有时比用爆炸浓度极限更直观。实际上石油产品的爆炸与燃烧往往相联系，爆炸可能转化为燃烧，燃烧可转化为爆炸。当空气中油蒸气达到爆炸极限范围时，一旦接触到火源，混合气体先爆炸后燃烧。空气中油蒸气超过爆炸上限时，接触火源就先燃烧，待油蒸气下降到爆炸上限以内时，随即会爆炸。

3. 挥发性

挥发性是指液体变为气体的性质。一切物质都在进行着不断的运动，蒸发是液体表面分子不断运动的结果，任何液体都具有一定程度的挥发性。挥发性的大小与沸点、饱和蒸气压等有密切的关系，沸点越低其挥发性越大。

石油产品尤其是轻质油品具有容易挥发的特性。挥发性大极易形成爆炸性环境，引发火灾爆炸事故，以及造成环境的污染和对作业人员的危害。同时，挥发带来轻质馏分的减少，不但会使物料数量减少，造成经济损失，而且也使物料质量变差，影响物料的质量。

4. 流动扩散性

石油产品一般以液体和气体状态存在，具有很强的流动性，一旦发生泄漏，油料就会沿着地面或设备流淌扩散，从而使火灾范围扩大。而蒸发出来的油蒸气的密度比空气略大，且很接近，受风影响会随风飘散，即使无风时也能沿地面扩散到数十米之外，并易积聚在低洼地带或渗透到地下管沟中，一旦遇到明火等诱导因素，就会发生燃爆。可燃混合气团的漂移难以控制，对火灾的蔓延和扑救工作有着很大的影响。

5. 易产生静电

石油产品的电阻率一般在 $1\times10^{12}\Omega\cdot cm$ 左右，电阻率越高，电导率越小，积聚电荷能力越强。因此，石油产品特别是汽油、煤油、柴油在泵送、灌装、装卸、运输等作业中，流动摩擦、喷射、冲击、过滤都会产生大量静电。静电积聚形成电压差，在一定条件下会放电，如果静电放电发生的电火花能量达到或超过油蒸气的最小点火能量时，就会引起燃烧或爆炸。石油产品的静电积聚能力强，最小点火能量低（例如汽油仅为 0.1～0.2MJ），这是石油产品的另一特点。

6. 毒性

石油产品及其油蒸气具有一定的毒性，轻质油品毒性比重质油品毒性小些，但轻质油品蒸发性大，往往使空气中的油蒸气浓度比重质油大，空气中的油气存在使氧气的含量降低，因此危险性较大。油蒸气经口和鼻进入呼吸系统，能使人体器官受伤害而产生急性和慢性中毒。如空气中油蒸气含量为 2.8‰时，经过 12～14min，人便会感到头晕；如果含量达到 1.13%～2.22%时便会发生急性中毒，使人难以支撑；当油蒸气含量更高时，会使人立即昏倒，失去知觉，甚至有生命危险。油蒸气的慢性中毒会使人产生头昏、疲倦和嗜睡等症状，经常与油品接触的皮肤会产生脱脂、干燥、龟裂、皮炎和局部神经麻木。油品对人体的毒性来自其烃类和非烃类物质，为改善油品性能而加入的某些添加剂也具有一定毒性，因此对油品在储运的各环节进行毒性泄漏风险分析，对采取防毒措施具有重要意义。

7. 沸腾突溢性

重质油品发生火灾后，容易产生沸腾突溢。因为重质油品中一般都含有1%以下的水分，这些水分以游离状存在于油层中或沉积于罐底。由于受燃烧热（热辐射和油的热波）作用，水被汽化，形成气泡，体积扩大，或因油品被加热到沸点，使其以沸腾状或喷溅状溢出油罐体，形成更大的火灾场面。

二、油罐爆炸分类

油罐发生爆炸一方面可能是油品挥发出的油蒸气与空气混合到达爆炸浓度发生蒸气云爆燃或爆炸，这里称为化学爆炸；另一方面可能因油罐经火焰烘烤或热辐射的作用，罐内物料迅速升温、压力增大，进而导致储罐破裂，甚至爆炸，这里称为物理爆炸。

1. 化学爆炸

化学爆炸是由化学变化造成的。化学爆炸的物质不论是可燃物质与空气的混合物，还是爆炸物质（如炸药），都是一种相对不稳定的系统，在外界一定强度的能量作用下，能产生剧烈的放热反应，产生高温高压和冲击波，从而引起强烈的破坏作用。爆炸性物品的爆炸与气体混合物的爆炸有下列异同。

（1）爆炸的反应速率非常快

爆炸反应一般在10^{-5}～10^{-6}s间完成，爆炸传播速率（简称爆速）一般为2000～9000m/s。由于反应速率极快，瞬间释放的能量来不及散失而高度集中，所以有极大的破坏作用。气体混合物爆炸时的反应速率比爆炸物品的爆炸速率要慢得多，数百分之一秒至数十秒内完成，所以爆炸功率要小得多。

（2）反应放出大量的热

爆炸时反应热一般为2900～6300kJ/kg，可产生2400～3400℃的高温。气态产物依靠反应热被加热到数千摄氏度，压力可达数万兆帕，能量最后转化为机械功，使周围介质受到压缩或破坏。气体混合物爆炸后，也有大量热量产生，但温度很少超过1000℃。

（3）反应生成大量的气体产物

1kg炸药爆炸时能产生700～1000L气体，由于反应热的作用，气体急剧膨胀，但又处于压缩状态，数万兆帕压力形成强大的冲击波使周围介质受到严重破坏。气体混合物爆炸虽然也放出气体产物，但是相对来说气体量要少，而且因爆炸速率较慢，压力很少超过 2MPa。

油罐化学爆炸最为严重的两类为：蒸气云爆炸和沸腾液体扩展蒸气爆炸。

① 蒸气云爆炸。蒸气云爆炸是由于以“预混云”形式扩散的蒸气云遇火后在某一有限空间发生爆炸而导致的。泄漏的油品如果没有发生沸腾液体膨胀、蒸气云爆炸现象或立即引发大火，溶剂油或燃料油等物质的低沸点组分就会与空气充分混合，在一定范围内聚集起来，形成预混蒸气云。如果在稍后的某一刻遇火点燃，由于气液两相物质已经与空气充分混合均匀，一经点燃其过程极为剧烈，火焰前沿速率可达 50～100m/s，形成爆燃。对蒸气云覆盖范围内的建筑物及设备产生冲击波破坏，危及人们的生命安全。

② 沸腾液体扩展蒸气爆炸。由于容器遇外火灼烧使器壁的强度下降，或其他原因导致所盛液体瞬态泄漏，并在环境温度高于其沸点时急剧汽化，如果遇到火源就会发生剧烈的燃烧，产生巨大的火球，形成强烈的热辐射，造成人员伤亡和财产损失。

蒸气云爆炸和沸腾液体扩展蒸气爆炸主要体现为四种类型：

a. 罐内无液态油品但存在蒸发油气，遇点火源发生爆炸；

b. 油罐内存在油液，爆燃后剩余油品受热形成池火和二次爆炸；

c. 油罐受外界高温影响，发生沸溢，过热油液发生闪蒸，形成爆炸；

d. 出油管等油罐外部装置发生火灾爆炸事故，导致油罐内蒸气发生泄漏，形成爆炸。

2. 物理爆炸

物理性爆炸是由物理变化（温度、体积和压力等因素）引起的，在爆炸前后，爆炸物质的性质及化学成分均不改变。锅炉的爆炸是典型的物理性爆炸，其原因是过热的水迅速蒸发出大量的蒸汽，使蒸气压不断提高，当压力超过锅炉的极限强度时，就会发生爆炸。又如，氧气钢瓶受热升温，引起气体压力增高，当压力超过钢瓶的极限强度时即发生爆炸。发生物理性爆炸时，气体或蒸气等介质潜藏的能量在瞬间释放出来，会造成巨大的破坏和伤害。物理爆炸的破坏性取决于蒸气或气体的压力。

油罐在火焰或高温作用下，罐内的油蒸气压力急剧增加，当超过它所能承受的耐压强度时，会发生油罐物理爆炸。

三、油罐爆炸原因

1. 明火

据统计，由明火引起的油罐火灾占第一位，其主要原因为管理不善或措施不力。例如，检修管线时不加盲板；罐内有油，补焊时未采取措施；焊接管线时，提前未清扫管线且没加盲板进行隔断；油罐周围的杂草、可燃物未清除干净等。另一个重要的原因是违规使用火源，如在油库禁区或油蒸气易积聚的场所携带和使用打火机、火柴等违禁品或吸烟等。

【案例】 1984 年 3 月 31 日，某石油化工厂发生一起油罐爆炸事故，并引起重大火灾。共死亡 16 人，伤 6 人，炸毁油罐 3 座，烧毁渣油 169t、汽油 111.7t，以及电、气焊工具等，经济损失 30 余万元，使该厂一度停产。

出事当天，为了检修设备，就有石油化工厂、合成粸剂厂和郊县建筑工程队三个单位在厂区缓冲塔附近及其平台上动火进行焊接作业。动火点附近有 $500m^3$ 渣油储罐一座，系 1983 年该厂擅自扩建设置的，专供燃油锅炉所需的减压渣油，距动火点约 9m。渣油罐内油蒸气通过罐顶孔洞向外扩散，遇到电焊火花发生燃烧，并迅速回燃，引起渣油罐爆炸。罐内 169t 渣油全部飞溅喷出，形成了面积约为 $4900m^2$ 的火海。熊熊烈火又引起距渣油罐分别为 24m、28m 的两座汽油罐（容积均为 $1800m^3$）爆炸燃烧，使火势越发猛烈。

两座汽油储罐的燃烧又进一步威胁邻近油罐的安全。其中距着火汽油罐 6.5m 的 404 号柴油罐（容积 $1800m^3$）因底部输油阀漏油，已被引燃。火焰正附着罐壁开始冲向高达 13m 的罐顶，并发出“嗞嗞”的怪叫，罐壁也开始变形。如这座油罐爆炸，又将引起一系列连锁反应，整个罐区内大小 26 座油罐、18000 多吨油料都将付之一炬，全厂还有毁灭的危险。因此，消防队到场后，面临这一险恶情况，千方百计冷却受到烈火威胁的油罐，避免了新的燃烧和爆炸。经过 5 个多小时的激烈战斗，才将大火扑灭。

2. 静电

静电引发火灾爆炸的条件是：积聚形成的静电场具有足够大的电场强度或电位差；放电发生在可燃混合介质中；可燃性混合物在爆炸极限内。对于一般油气混合介质，最小引燃能量为 0.2MJ。在石油化工生产过程中和油料装卸作业时，物料沿着管路流动，摩擦起电，使管壁和物料分别积聚电性相反的电荷，其电位可以达到很高的量值，易在金属物体的不良导电部位放电引发火花，导致燃烧和爆炸。当采用上进料方式向低液位油罐进料时，可燃液体势能撞击油层表面也可产生静电火花，引燃上部形成爆炸极限的可燃气体发生爆炸火灾事故。在向油罐中倒油时，因胶管未插入液面以下，会因喷溅导致油品与空气摩擦产生静电火花，发生火灾爆炸的事故案例也较多。

【案例】 1987 年 10 月 29 日，浙江省椒江市石油公司油库发生了一起油罐火灾爆炸事故。椒江油库由明罐区和山洞罐区两部分组成。明罐区有 8 座立式钢板油罐，分别设置在两个防火堤内。1 号、2 号、3 号、4 号四座油罐分别储存汽油、汽油机油、灯用煤油和汽油机油，且在同一防火堤内。0 时 30 分，装载煤油的大庆 765 油轮到港。1 时开泵卸油，两名工作人员一起进入油罐区检查煤油管线和附件的作业情况，听到正在进油的3号煤油罐发出“噼噼啪啪”的响声。此时，一名工作人员立即去停泵，正当他跑下防火堤几米处时，3号罐发生爆炸，他当即被气浪推倒，爬起后跑去报警。另一名工作人员被炸出30m，当场身亡。3号煤油罐在爆炸中，整个罐底与圈板连接处的焊缝被爆裂，油罐向上抛起，倒向4号机油罐，其余3座油罐也被烧着。10min后，2号机油罐爆炸，整座油罐腾空而起，向右侧飞出59.7m。燃烧着的火流从防火堤的排水孔流出，进入油库排水网，点燃了泵房、罐油间、高架罐、桶装库以及在露天堆放的沥青，燃烧面积达7000m^2，油库顿成一片火海。此次爆炸造成1人死亡、1人重伤、7人轻伤，烧毁1000m^{3}立式拱顶煤油罐和500m^{3}内浮顶汽油罐各1座、500m^{3}立式拱顶机油罐2座、50m^{3}高架油堆4座、油泵房1座、桶装油罐油间1座、500m^{2}桶装油库屋顶以及部分油桶、管线、阀门等设施，烧掉油料652.66t，直接经济损失68.36万元。

3. 雷击

雷击是通过电、热、机械等效应产生破坏作用。一是电效应破坏，雷击对大地放电时电流变化很大，可达到几万甚至几十万安培，产生数十万伏的冲击电压，足以烧毁电力系统的电机、变压器等设备。绝缘被击穿，电线烧断，电气短路。雷击还引起静电感应和电磁感应危害。静电感应是指雷击贴近地面时导体感应出静电荷，当雷击放电后导体感应电荷积聚在金属表面，呈现感应静电压，高达上万伏特，发生火花放电，遇到可燃气体立即燃烧爆炸。如浮顶油罐顶有感应电荷对罐壁放电，可能引起浮顶罐雷击着火，因此油罐要良好接地。电磁感应会产生火花，点燃油气形成火灾。二是热效应破坏，大电流通过导体变热能，雷击点的发热能量约为500～2000J。

【案例】 1989年8月12日9时55分，胜利输油公司黄岛油库发生特大火灾爆炸事故，造成19人死亡，100多人受伤，直接经济损失3540万元。

黄岛油库特大火灾事故的直接原因是：非金属油罐本身存在的缺陷，遭受对地雷击，产生的感应火花引爆油气。事故发生后，4号、5号两座半地下混凝土石壁油罐烧塌，1号、2号、3号拱顶金属油罐烧塌，给现场勘查、分析事故原因带来很大困难。在排除人为破坏、明火作业、静电引爆等因素并确定实测避雷针接地良好的基础上，根据当时的气象情况和有关人员的证词（当时青岛地区为雷雨天气），经过深入调查和科学论证，事故原因的焦点集中在雷击的形式上。混凝土油罐遭受雷击引爆的形式主要有6种：一是球雷雷击；二是直击避雷针感应电压产生火花；三是雷击直接燃爆油气；四是空中雷放电引起感应电压产生火花；五是绕击雷直击；六是罐区周围对地雷击感应电压产生火花。

经过对以上雷击形式的勘查取证、综合分析，5号油罐爆炸起火的原因排除了前4种雷击形式，第5种雷击形成可能性极小。理由是：绕击雷绕击率在平地是0.4%，山地是1%，概率很小；绕击雷的特征是小雷绕击，避雷针越高绕击的可能性越大。当时青岛地区的雷电强度属中等强度，5号罐的避雷针高度为30m，属较低的，故绕击的可能性不大；经现场发掘和清查，罐体上未找到雷击痕迹，因此绕击雷也可以排除。事故原因极大可能是该库区遭受对地雷击产生的感应火花引爆油气。根据如下。

① 8月12日9时55分左右，有6人从不同地点目击，5号油罐起火前，在该区域有对地雷击。

② 中国科学院空间中心测得，当时该地区曾有过两三次落地雷，最大一次电流为104A。

③ 5号油罐的罐体结构及罐顶设施随着使用年限的延长，预制板裂缝和保护层脱落，使钢筋外露。罐顶部防感应雷屏蔽网连接处均用铁卡压固。油品取样孔采用9层铁丝网覆盖。5号罐体中钢筋及金属部件电气连接不可靠的地方颇多，均有因感应电压而产生火花放电的可能性。

④ 根据电气原理，50～60m以外的天空或地面雷感应，可使电气设施在100～200mm的间隙放电。从5号油罐的金属间隙看，在周围几百米内有对地的雷击时，只要有几百伏的感应电压就可以产生火花放电。

⑤ 5号油罐自8月12日凌晨2时起到9时55分起火时，一直在进油，共输入$1.5\times10^4m^3$原油。与此同时，必然向罐顶周围排入一定体积的油气，使罐外顶部形成一层达到爆炸极限范围的油气层。此外，根据油气分层原理，罐内大部分空间的油气虽处于爆炸上限，但由于油气分布不均匀，通气孔及罐体裂缝处的油气浓度较低，仍处于爆炸极限范围。

4. 硫化亚铁自燃

硫化亚铁本身不是易燃物，在常温下与空气发生氧化反应，该反应是放热反应，如果反应环境中没有可燃烃类，则有可能出现烟雾，如果有可燃烃类物质，就有可能发生燃烧和爆炸。由于油品中含硫量较高，经过长时间的运行，在罐内壁、加热器和内浮盘等处产生了硫化亚铁，由于硫化亚铁具有还原性，当温度达到一定程度时，达到了爆炸、燃烧所需要的最小点火能量而引起闪爆、着火，导致事故的发生。一般情况下，油品储罐内壁没有防腐涂层，腐蚀生成的硫化亚铁附着在储罐内壁上。长期处于气相空间的储罐内壁腐蚀特别严重，内防腐层被腐蚀成一层较厚的，柔性很强的胶质物，付油状态时，大量空气被吸入并充满油罐的气相空间，原来浸没在浮盘下和隐藏于防腐膜内的硫化亚铁也逐渐暴露出来，并在胶质膜薄弱部位首先发生氧化，迅速发热，氧化释放的热量由于胶质膜对硫化亚铁的保护作用而不能及时扩散，温度急剧升高促进硫化亚铁氧化，进而发生自燃引起油品火灾爆炸事故。

【案例】 2010年5月9日0:45，中国石油化工股份有限公司上海高桥分公司炼油部2号联合罐区按照调度安排，1613号罐（重整原料罐，5000m^3，内浮顶罐结构，直径21m，高度16.5m，储存介质为石脑油）开始收3号蒸馏装置生产的石脑油。10:00左右，在继续收油的同时，开始自1615号罐向1613号罐转油，此时液位为5.09m，到11:20，1613号罐（此时温度为27℃）发生闪爆，罐顶撕开，并起火燃烧。现场操作人员立即停泵，启动各个储罐冷却水喷淋，并进行转油、关阀等应急处理。作业人员发现1615号冷却喷淋管线损坏，在火灾初期无法对1615号罐进行冷却保护。上海市先后调动50多台消防车赶赴火灾现场。14时左右火势得到控制，14时37分明火被扑灭。14时47分，罐内发生复燃，因罐体严重变形，消防泡沫很难打到罐内，彻底扑灭罐内余火难度较大。18时40分左右，现场指挥部在确定安全的前提下，组织消防人员沿油罐扶梯爬到罐上部，将消防泡沫直接打到罐内。19时10分余火完全扑灭。此次事故没有造成人员伤亡，经济损失为62.5万元。

5. 违规操作

油罐作为生产装置的配套储存设施，与生产装置结合十分紧密。油罐对于温度和压力有着较为严格的要求，而对于生产装置存在着不同压力、不同温度、不同轻重组分的介质，当把轻组分误操作成重组分进入罐区，或在异常情况下，为了泄压将轻组分送入装置污油罐，都会导致油罐压力迅速升高，造成冲顶冒罐或油罐撕裂，发生火灾爆炸事故。

在生产装置开停工的过程中，要加强生产装置与罐区的生产协调，生产调度要合理精确指挥。严格操作规程，在调整操作和改动流程前要执行确认制，防止因误操作引发油罐爆炸火灾事故。在生产装置处于异常情况下，严禁随意将轻质组分排入污油罐进入罐区。严格罐区工艺纪律，防止来料超温超压。加强工艺技术管理，充分考虑并实现防止高压串低压的措施。

【案例】 2008年贵州兴化化工有限责任公司因进行甲醇罐惰性气体保护设施建设，委托某锅炉设备安装有限公司进行储罐的二氧化碳管道安装工作（据调查该施工单位施工资质已过期）。2008年7月30日，该安装公司在处于生产状况下的甲醇罐区违规将精甲醇储罐顶部备用短接打开，与二氧化碳管道进行连接配管，管道另一端则延伸至罐外下部，造成罐体内部通过管道与大气直接连通，致使空气进入罐内，与甲醇蒸气形成爆炸性混合气体。8月2日上午，因气温较高，罐内爆炸性混合气体通过配管外泄，使罐内、管道及管口区域充斥爆炸性混合气体，由于精甲醇储罐旁边又在违规进行电焊等动火作业（据初步调查，动火作业未办理动火证），引起管口区域爆炸性混合气体燃烧，并通过连通管道引发罐内爆炸性混合气体爆炸，罐底部被冲开，大量甲醇外泄、燃烧，使附近地势较低处储罐先后被烈火加热，罐内甲醇剧烈汽化，又使5个储罐（4个精甲醇储罐，1个杂醇油储罐）相继发生爆炸燃烧。事故造成在现场的施工人员3人死亡，2人受伤（其中1人严重烧伤），6个储罐被摧毁。

第三节　固定顶油罐爆炸研究进展

一、固定顶油罐爆炸理论与试验模拟

固定顶油罐是指储存原油或液体石油产品的钢制固定顶立式圆柱形油罐，固定顶油罐是以罐顶结构的不同来分类的，其中固定拱顶罐是固定顶罐中使用最为广泛的，其他种类固定顶罐使用较少，本书中所研究的固定顶油罐主要是指固定拱顶罐体。

随着储罐区规模的不断扩大，国内外油罐区火灾事故时有发生，在灭火救援现场，油罐爆炸是对救援人员危害性最大的险情之一。从 20 世纪 50 年代起，国内外对油罐爆炸做了大量的理论及试验研究。储罐区发生的典型的爆炸灾害形式主要有气体膨胀超压爆炸，也被称为物理爆炸（physical explosion，PE）、蒸气云爆炸（vapor cloud explosion，VCE）、沸腾液体扩展蒸气爆炸（boiling liquid expanding vapor explosion，BLEVE）。

固定顶油罐内油料挥发聚集在罐体上部，与空气混合形成可燃混合蒸气，当混合气体达到爆炸极限时，遇点火源发生蒸气云爆炸，导致罐顶破坏并对外部环境造成威胁。火灾情况下，邻近固定顶罐体受到着火罐及流淌火的热辐射威胁，邻近固定顶油罐内部压力急剧增大，当压力增加速度大于罐体泄压阀的泄压速度时，罐内压力不断增加，超出了罐体所能承受的极限压力，导致罐体薄弱处被撕裂或整个罐顶被掀开，发生在我国的黄岛油库爆炸火灾和沈阳大龙洋储罐区爆炸火灾都出现了此类现象。当发生物理爆炸后，由于可燃蒸气快速泄漏，与空气形成混合的可燃蒸气云团，若在爆炸极限之上，遇点火源形成闪火，若在爆炸极限以内，遇点火源发生蒸气云爆炸。

我国很重视工业爆炸方面的研究工作，近年来，国内部分高校和科研单位相继在此方面展开研究，并取得了一定的成果。

1. 爆炸理论研究方面

固定顶油罐属于密闭容器，密闭容器中气体的爆炸发展过程较为复杂，建立相对准确的理论模型来描述爆炸发展的过程是很困难的。国内外相关专家对气体爆炸发展过程的研究较为深刻，对于密闭容器中可燃气体爆炸导致的升压过程也进行了相关的计算研究，同时对密闭空间爆炸冲击荷载的数值模拟进行了相关研究。研究人员通过各种假设建立了适应于各方面应用的爆炸模型，这些模型的建立对于化工工业生产过程中爆炸事故的预测预警，具有一定意义的指导作用，但这些爆炸模型大多以热力学为基础，缺乏对爆炸过程的全面考虑，不能准确地反映爆炸的本质过程。

国内在爆炸理论方面起步较晚，我国自 1993 年起为满足日益增长的现实需求，在油罐爆炸理论方面取得巨大进展。针对不同结构的罐体、不同油品来研究油罐爆炸的规律，进而上升到对不同空间类型爆炸规律的研究，为预防灾害事故奠定理论基础。安徽理工大学的郭吉红针对一般压力容器的爆炸情况，对容器内三种不同的物质，分别计算其爆炸能量、爆炸冲击波大小及其破坏范围，以此进行事故分析及后果预测。鞍山市消防支队的马海清分析初始事故带来的物理效应对邻近设备的影响，对由蒸气云爆炸引起的多米诺效应进行研究，计算了二次设备的损坏概率、分析了多米诺场景、计算了多米诺事故的扩散概率，根据多米诺的后果得到了个人风险和社会风险曲线，针对固定顶油罐爆炸事故进行多米诺后果分析，可使得油罐区消防安全评价更加切合实际。

国外的相关理论研究较早，W. E. Baker 等在 20 世纪 60 年代初对爆炸基础理论做了大量的研究工作。在研究过程中将球体对称壳体产生的振动简化成一维弹性振动或一维弹塑性振动，并在此基础上建立了一维壳体弹性振动方程以及弹塑性振动方程。爆炸荷载下圆柱体爆炸容积壳体的响应相应于壳体形状更为复杂，目前只是针对一些简化情况得到一些解析解。固定顶罐体的圆柱体结构更加复杂，对在罐体内的爆炸荷载的响应还没有更好的解释。

2. 试验研究方面

容器内部的爆炸问题涵盖了许多学科，涉及了爆炸与结构的相互作用等复杂的过程，利用试验的方式对密闭容器爆炸进行研究是爆炸研究的重要方式。1945 年美国洛斯阿拉莫斯国家试验室研制出了史上第一台爆炸容器。1952 年美国矿山局的 Coward 和 Jones 发表了《气体与蒸气燃烧范围》的报告，其中第一次介绍了测定气体爆炸极限的装置。

我国在油罐爆炸模拟试验方面起步较晚，1990 年北京理工大学的赵衡阳等对大型油罐爆炸的危险性进行了室内模型模拟试验，对实际罐体爆炸的能力进行估算，为我国后续的爆炸模拟试验研究打下了基础。

近些年国内外对于油罐爆炸的试验模拟研究主要集中在对不同情景下的爆炸内部规律的研究，通过模型试验的方式，设计不同试验条件来研究实际情况下油罐爆炸的内在规律。国内也由探究爆炸规律的初级阶段，逐步过渡到解决现有困难及探究更为复杂爆炸规律的阶段。中国人民解放军陆军勤务学院的韦世豪等通过模型试验的方式研究储油条件下拱顶油罐油气爆炸的发展过程，研究表明储油条件下油气爆炸会导致罐顶破坏，出现强烈振荡和二次爆炸现象，且二次爆炸产生的压力、火焰强度较初次爆炸威力更大，持续时间更短；杜扬等建立顶部含有弱约束结构的受限空间油气爆炸试验系统，通过模型试验对含有弱约束的受限空间中油气爆炸特性进行研究，探究在含有弱约束结构的密闭空间里的超压变化规律及火焰发展特征。中国人民解放军后勤工程学院李阳超等采用试验研究了端部开口受限空间内汽油蒸气泄放爆燃特性，获得了受限空间内外爆燃超压的变化规律。

国外也十分重视利用试验研究方法做爆炸方面的相关研究。F. Cammarota等强调了模拟试验的重要性，在实验室规模（5L）的圆柱形储罐内完成了爆炸测试，其初始压力和温度高达600kPa和400K，通过中央点火和顶部点火以及利用机械搅拌器改变初始紊流的形式，在环境和湍流不同的温度和压力条件下分析爆炸性能，这是该领域具有突破性的进展。T. A. Duffe研究了忽略端盖影响的长圆柱体爆炸容器在中心荷载爆炸下壳体径向永久变形情况。A. ABuZukov研究了内爆炸荷载对圆柱体容器的作用，通过试验研究发现应变的幅度值，发现容器后一个的振动周期的应变峰值比第一个振动周期的应变峰值高。VM. Kornev等通过模型试验给出对真实圆柱爆炸容器的测量结果，指出振动期间变形幅度的增加和罐体结构的复杂振动有关，用反射波的冲击不能很好地解释此问题。

3. 在数值模拟研究方面

由于理论研究建立描述固定顶油罐爆炸的计算模型比较困难，实地试验的危险性较大，同时受到场地、经费等条件的限制，进行大量试验的实现难度较大，当今计算机模拟技术迅猛发展，采用数值模拟的方法对爆炸进行研究成为当今研究的重要手段之一。国内外学者采用数值模拟的方法对可燃气体爆炸进行研究，取得了巨大的成果。Kailasannath等首次利用数值模拟来进行科学研究，开启了数值模拟方法研究可燃气体爆炸的先例。A. A. VasilevS和A. Zhdan等运用有限差分和有限元程序模拟了球壳在中心爆炸荷载下的动态响应，与试验结果吻合较好。Daniel用LS-DYNA有限元程序，采用流固耦合的方法模拟内部爆炸荷载对球形爆炸容器的作用，扩展了该程序的应用领域。

王震、胡可、赵阳等利用TNT当量模型模拟储罐内部的蒸气云爆炸，研究发现罐体内爆炸时，不同部位的爆炸荷载、爆炸流场和容器壁面间的耦合效应对内部的冲击荷载影响较大。陈利琼等针对大型油罐火灾爆炸对人员伤亡危害范围的问题，采用PHAST软件模拟定量分析了外部环境、初始条件和其他相关因素对爆炸伤亡半径的影响，得到的外部环境和初始条件与池火灾和蒸气云爆炸危害范围的关系式，可为大型油罐火灾爆炸事故中相关作业人员的应急撤离提供决策参考。

二、固定顶油罐爆炸预警技术

预警的常用解释是指对可能造成危害的情景进行合理科学地评估，了解危害情景可能造成的后果，以便于制作对应的预案来防止危害情景的发生、最大限度地减少人员的伤亡、财产的损失，进一步了解危害情景的发生机理，从而将危害情景控制在最小限度内。

预警最早起源于军事领域。在第二次世界大战美国遭遇金融危机后将预警引入到了经济领域，起到了良好的作用，经济预警开创了预警技术研究的先河，世界各国先后建立自己的监测预警系统。目前，预警理论研究上主要采用三类方法，即指数预警、统计预警和模型预警，运用的领域、特点各有不同。

预警理论在20世纪80年代已经开始应用到管理科学，预警理论的研究经历了从单一的定性研究到定性与定量研究结合、从单一的预警到实现复杂环境下的综合预警的转变。国外预警理论的研究起步较早，在经济领域、自然灾害领域预警研究趋于成熟，但在爆炸领域的预警方面研究较少。我国的预警理论研究较国外起步晚，20世纪80年代，我国预警理论的研究开始起步，从经济领域到其他相关领域的预警理论研究不断拓展，在爆炸预警领域也开始涉及，如大型油罐蒸气云爆炸预警、煤矿爆炸预警等相关研究。

爆炸预警是通过对爆炸风险源进行监测、评估而后进行预警，来降低或消除爆炸灾害发生的概率，保证人员和财产的安全。在煤矿领域，爆炸预警理论应用较为成熟，目前国内在煤矿瓦斯爆炸防治和管理上取得了较大的进展，取得了较多的研究成果。例如，基于主因子分析与BP网络的煤尘爆炸预警、基于危险源理论煤矿瓦斯灾害监测预警技术、煤矿井下瓦斯爆炸风险关联预警模型、瓦斯爆炸安全预警、动态安全预警系统、预警系统的功能、灾害风险模式识别、瓦斯爆炸安全预警系统等。

油罐领域的爆炸预警技术也在稳步地推进发展，如基于GIS、RS等信息技术的油罐爆炸风险预警，通过对油罐区危害的动态评价分析、监测预警，以实现对储罐区爆炸风险的动态安全管理。近些年，这些研究推动了爆炸预警理论在工业安全生产领域的运用，进一步完善了预警理论，为安全生产奠定了技术与理论基础。

三、固定顶油罐形变量测量技术

物体结构发生变形，形变量超过安全限度时，发生危险事故的概率会大大增加。在工程安全方面，对物体形变量的变化进行监测是保障工程安全的重要一步，形变量监测技术引起了国内外专家的广泛关注。随着科学技术的进步，形变量监测技术不断地丰富完善，运用于不同领域，取得了不错的成效。常用的形变量监测技术有传统地面形变量监测、摄像监测、机器人监测、光纤传感监测、GPS监测、三维激光扫描监测、合成孔径雷达监测等。

传统地面监测手段主要是利用常规的测量仪器及测量方法，例如利用水准仪、三角仪等仪器进行公路修建。该种测量方法具备操作简单便捷的优点，但监测时间长、适用监测场景较为单一，一般用于对油罐尺寸的测绘，较少运用于形变量的测量。摄像形变量监测技术是指利用摄影设备，对被监测物体实行不间断录像，可以对物体形变的整体过程进行全面采集。在地质灾害方面已经有了较为广泛的运用，例如滑坡、泥石流等地质灾害。随着科学技术的进步，高清摄像机在形变量监测方面有了更广泛的应用，中国人民警察大学的屈立军、王兴波等利用高清摄像机结合软件设备实现对火灾情况下底框架商住楼形变量的监测，提出倒塌时间预警。利用高精度摄像设备对油罐进行形变量监测，存在监测视野受限、成本高昂等现实问题，因此较少利用此方法对油罐的形变量进行监测。

此外，光纤传感监测技术主要运用于桥梁等建筑物关键部位的高精度监测，不能进行布点监测，针对油罐形变量监测在技术上受到限制。GPS 监测技术主要用于对自然灾害情况、水库大坝形变等情景进行监测，具有自动化、受观测条件影响小等优点，但针对油罐形变这类微小变形的监测，技术还不成熟，对于多点监测，其监测误差大且成本高。机器人形变量监测技术应用领域广泛，我国已将该技术综合应用于大坝、滑坡的变形监测和三维工业测量等，在油罐形变量监测上，机器人监测技术也展现了其独特的优势。山东科技大学的陈哲利用 TM30 测量机器人对油罐形变进行监测，根据油罐内油料液位的不同情况提出了罐内、罐外两种测量方法，体现出机器人测量技术的优势，同时也暴露出技术上的不足。

三维激光扫描监测技术、合成孔径雷达监测技术是目前国内外对油罐形变量实现三维立体监测的前沿技术，实现了由点到面再到三维立体的突破，更加符合现实需求。中国人民解放军后勤工程学院的张柱柱等利用三维激光扫描技术对拱顶油罐罐顶变形进行检测，相较人工检测更加精准、科学，通过软件编程实现了变形区域的三维可视化。中南大学的胡俊等提出了一种基于 Kalman 滤波技术，融合多平台、多轨道和多时相 InSAR 监测地表三维形变的方法，实现了三维立体监测，该技术被广泛应用于各种地质灾害引起的地表形变监测中。

四、研究进展评述

综上所述，固定顶油罐爆炸研究方面，重视爆炸动力学演化机理和相关规律的研究，建立科学、准确的数学模型来描述爆炸发展过程，揭示爆炸过程的基本规律，将其研究成果运用到事故后果分析及爆炸事故防治方面。国内外目前主要采用试验及数值模拟的方式来进行油罐爆炸方面的研究，通过对不同可燃介质爆炸试验和数值仿真的结果，得到爆炸冲击波压力在开放空间与受限空间内的压力传播规律。在油罐形变量监测方面，重视三维立体监测，实现自动化、可视化，其中激光三维扫描技术、雷达技术是实现三维监测的常用手段，但针对不同场景技术手段还存在自身问题需要探索研究，进一步完善各场景下的三维监测。在爆炸预警技术方面，目前，国内外针对爆炸预警的研究都是在灾害未发生之前，爆炸预警用于安全防治，防止灾害的发生，但爆炸预警的研究不仅是灾害发生之前需要，在灾害发生后的爆炸预警同样至关重要，更能体现爆炸预警的研究对挽救生命的重要意义。

在应急救援的相关领域，油罐区在发生爆炸危害之后，受到火势威胁的油罐随时可能再发生爆炸，针对此类灾害发生之后情景的爆炸预警技术研究，目前国内外还较少涉及，尚没有完善的理论研究及应用技术，针对此情景的爆炸预警技术的研究对灭火救援人员的生命安全有着至关重要的意义。

结合目前固定顶油罐爆炸研究进展，针对火灾情况下固定顶油罐受到火势威胁可能发生爆炸时，对受威胁罐体状态进行监测预警的实际需求，本书主要研究了固定顶油罐爆炸预测预警技术及应用，主要工作有以下 5 个方面。

1. 固定顶油罐力学响应规律

介绍了固定顶油罐超压爆炸的相关理论基础，阐述了固定顶油罐超压爆炸机理，罐体发生超压失效，罐体形变是罐体内部超压最直观的反映。利用有限元分析软件 ANSYS 对油罐进行力学响应模拟和分析，得到油罐所受最大应力值和应力位置。

2. 固定顶油罐失效判定

设计进行了固定顶油罐失效准则研究实验，主要是弱连接结构受力失效实验，确定了弱连接结构在不同温度下的水平和垂直方向的受力极限，通过有限元模拟分析，获得了不同容积拱顶罐在不同温度下的失效极限，并将其拟合成为了不同容积拱顶罐的失效规律曲线和四次方的多项式方程。

3. 固定顶油罐形变量测量技术

火灾情况下固定顶油罐的形变量是反映罐体状态的重要指标参数，火场中因有大量的浓烟、热扰动气流、热辐射等不利因素的影响，常规测量技术手段行不通，例如光学手段。为克服火场环境中不利因素的干扰，初步拟采取雷达技术手段作为技术基础，通过模拟火灾环境检验雷达技术在火灾环境下的形变量测量能力及抗干扰能力，为后续研发油罐形变量测量装置奠定技术基础。

4. 固定顶油罐爆炸预测预警装备研发及测试

以雷达技术手段为基础研发适用于油罐火灾现场环境的形变量测量装置样机，通过设计水罐试验平台装置模拟油罐超压爆炸状态下罐体的变形过程，利用新研发的形变量测量装置样机对试验罐体顶部的形变量进行测量，检验该装置在正常环境及油火环境下测量油罐形变量的准确性及抗干扰能力，为油罐火灾现场监测罐体的形变量变化奠定基础。

5. 火灾情况下固定顶油罐爆炸预警技术应用

在油罐火灾的灭火救援现场，通过对受火势威胁的邻近固定顶罐体的温度、罐体顶部形变量进行监测，结合油罐超压爆炸的模拟结果判断油罐当前所处的状态，辅助指挥员做出科学合理的战术选择、力量调配。评估受威胁罐体爆炸后产生的危害，确定安全距离；若火势到达无法控制的状态，发出爆炸预警，灭火救援指挥员下达撤退命令，救援人员可以及时撤离现场，保证救援人员生命安全。

第二章　固定顶油罐力学响应规律

在油罐火灾事故处置过程中，油罐爆炸是对救援人员危害最大、破坏范围最广的情景之一，具有突发性强、危害范围广、难以预测的特点；在灭火救援现场，邻近罐体受着火罐体威胁而发生爆炸，是导致灾情进一步扩大、人员伤亡加剧的主要原因。本章主要对固定顶罐体组成结构、火灾情况下油罐结构破坏形式以及油罐的力学响应分析进行了阐述，为后文中油罐爆炸预警技术奠定理论基础。

第一节　固定顶油罐组成结构

储油罐按材质可分金属油罐和非金属油罐；按埋设深度可分地下油罐、半地下油罐和地上油罐；按结构形式，可分为拱顶罐、浮顶罐、卧式罐和油池等多种类型。

固定顶油罐中使用范围最为广泛的种类是立式拱顶油罐，主要用来储存原油等一些挥发性较大的油料，在我国的油料储备方面起到巨大的作用，目前最常使用的是规格为 1000～10000m^3 的罐体。本书中所述的固定顶油罐主要是指立式拱顶油罐。

固定顶油罐主要由罐顶、罐壁、罐底以及附件等四大部分组成，按照 SH3046 相关设计标准、规定进行施工连接，油罐基本结构如图 2-1 所示。

一、罐顶结构及弱顶结构设计

罐顶是固定顶油罐区别于其他种类油罐的标志，其设计的主要目的是用来减少储存油料的挥发、抵御外界不良的自然环境，以防油料流失、被污染。固定顶油罐的罐顶是一个球体的部分，拱顶的曲率半径一般为 0.8～1.2 倍罐体的直径，罐顶没有设计支撑结构，依靠自身结构特点承受自身质量以及外部荷载，如图 2-1所示，罐顶将整体质量经顶壁连接处施加到罐壁的顶端。

根据罐体容积大小的不同、拱顶设计方式的不同、承重能力的不同，当前主要可分为两种，一是无加强肋设计，由多块钢板焊接而成，无加强结构，一般适用于容积小于 1000m^3 的固定顶罐体；另外一种是有加强肋设计，通过在拱顶的表面加上适当的金属肋条，用于加强罐顶结构的稳定性。罐顶的加强肋设计不仅减轻了罐顶自身的质量，更加强了罐顶承受荷载的能力，其结构设计主要用于容积在 1000～10000m³ 的固定顶储罐。

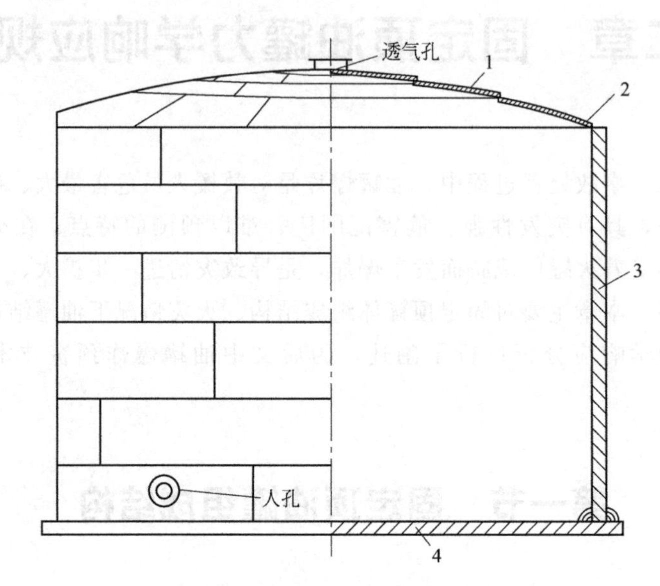

图 2-1　固定顶油罐基本结构图

1—罐顶；2—弱连接结构；3—罐壁；4—罐底

为保护罐体安全，防止罐体超压失效时造成更严重的危害后果，根据设计规范在罐顶处采用弱顶结构设计，罐体弱顶结构细节如图 2-2 所示。弱顶结构是通过削弱罐顶与包边角钢的焊缝强度，在罐体内部超压时，罐顶的顶壁连接处的弱焊位置优先失效破坏，局部泄压防止罐体整体破坏失效造成更大损失。

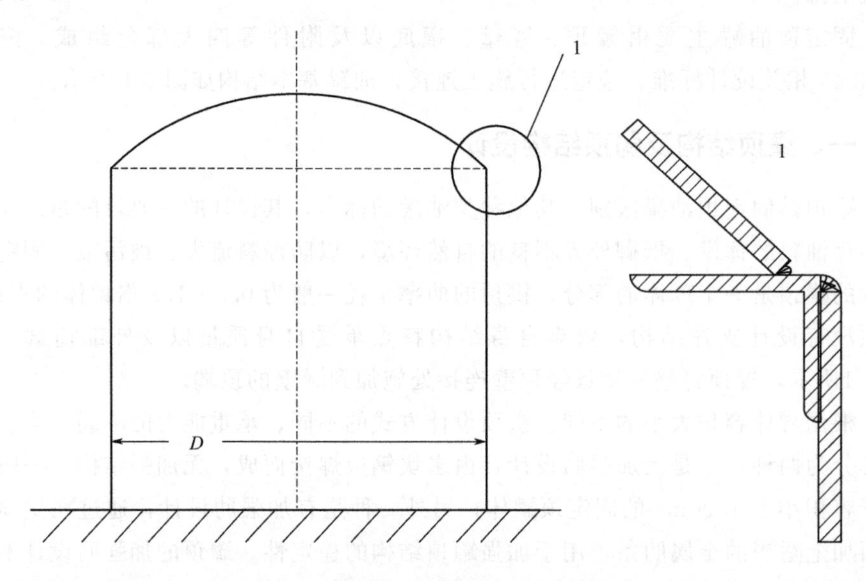

图 2-2　固定顶油罐罐体弱顶结构细节

二、罐壁结构设计

罐壁是连接罐顶、罐底使其构成一个整体的关键支撑结构。在罐壁的顶端承担着罐顶自身质量及外界荷载的质量，同时主要承受来源于罐体内部的环向薄膜应力，由于储罐内环向薄膜应力由上往下逐渐增大，罐壁各部位承受的压力不同，决定了罐壁各部位的承压强度不同，罐壁结构厚度由上往下呈三角形分布。然而实际施工中不存在理想化的钢材满足该条件，依据 GB 50341—2014《立式圆筒形钢制焊接油罐设计规范》，实际施工中采用不同厚度的钢材进行焊接，形成了阶梯形截面罐壁，如图 2-3 所示。为防止罐壁结构失稳，罐壁都设有抗风圈、加强圈等附件来增加罐壁强度。

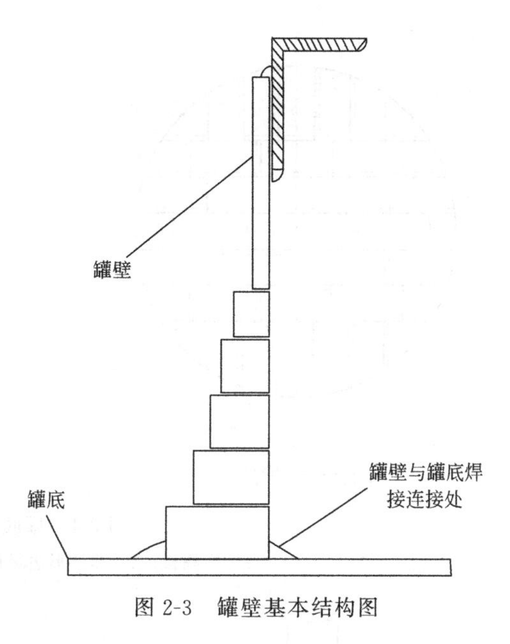

图 2-3　罐壁基本结构图

罐体壁厚的设计一般有应力分析法、定点法及变点法三种方法，针对不同的罐体情况择优选择，且罐壁板的最小名义厚度要满足表 2-1 的要求。

表 2-1　罐壁板的最小名义厚度

油罐内径/m	罐壁板的最小名义厚度/mm
$D<15$	5
$15\leqslant D<36$	6
$36\leqslant D\leqslant 60$	8
$60<D\leqslant 75$	10
$D>75$	12

三、罐底结构

罐底是油罐的基础构成部分，罐体的最底部承受着油罐中最大的压力。其组成是由边缘板和中幅板通过特定的连接方式组成的抗压结构，因不同容积罐体对罐底的压力不同，罐底排板形式、焊接方式都有不同的要求。

罐体直径小于 12.5m 时，不设置环形边缘板，大于 12.5m 时，则需要设置环形边缘板，两者焊接方式也有不同，如图 2-4 所示。

罐底对罐壁有支撑作用，为承受罐底的压力，罐底边缘板与罐壁底端的 T 形接头采用连续焊接方式，焊接具体细节如图 2-5 所示。

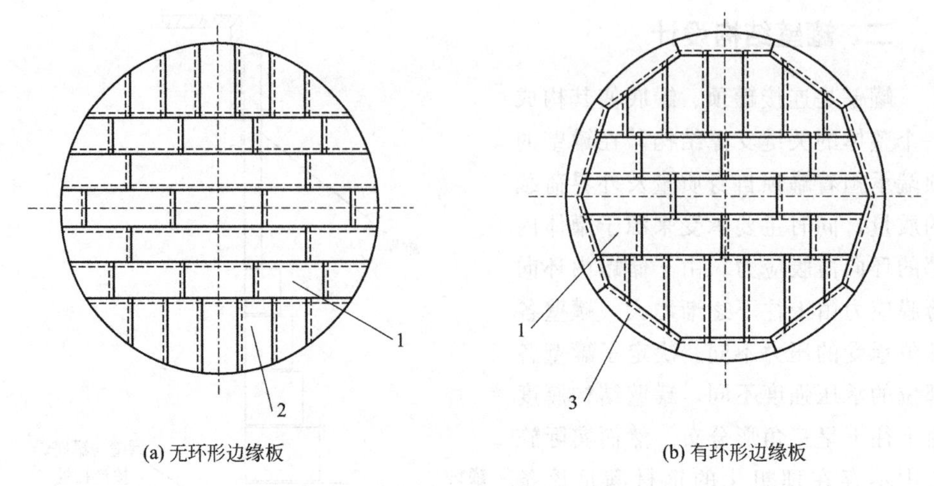

图 2-4　罐底结构

1—中幅板；2—非环形边缘板；3—环形边缘板

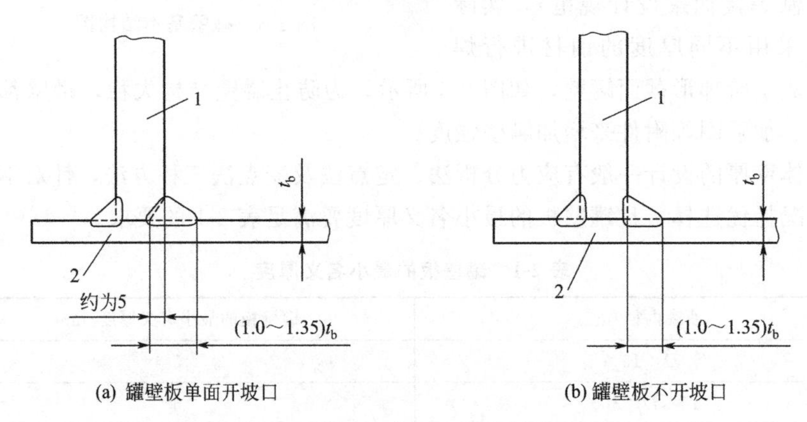

图 2-5　罐底与罐壁连续焊接接口

1—罐壁；2—罐底边缘板

罐底板要承受储液的液体压力，罐顶板不受压力，底壁连接处的焊接方式采用双面连续焊接方式，在罐体超压状态下，底壁连接处焊缝设计强度强于顶壁连接处，保证顶壁连接处先破坏卸掉罐内压力，避免罐体整体失效，降低失效损失。

第二节　火灾情况下固定顶油罐结构失效形式

在火灾现场，固定顶油罐所受到的威胁不同于一般情况，其结构失效可分为静态超压失效和燃爆超压失效。当罐体发生结构失效时，具体表现形式可分为罐体底壁连接处失效以及顶壁连接处破坏失效。

一、静态超压失效

固定顶油罐里存储着各种油料介质，油料具有易挥发性，挥发出的油料蒸气与罐体内部的空气混合形成可燃蒸气，且可燃蒸气的密度较空气密度大，会不断沉积在油料的上方；由于罐顶的封闭作用，可燃气体在罐体内不断聚集，最终达到一个平衡状态，当罐体遇到外界加热时，例如，油罐火灾现场着火罐体的热辐射对邻近罐体进行加热，会加速罐内油料受热挥发成油蒸气，可燃气体受热膨胀体积变大，从而导致在一定空间内的可燃气体的压力增大。

外部受高温加热的影响，由于泄压阀、通气口可以及时卸掉多余的压力，罐体内部压力增大的速率通常是较为缓慢的；但在油罐火灾现场，着火罐的火势威胁不同于一般情况，可能有流淌火、全液面燃烧、爆炸等多种情况的威胁，导致泄压阀故障、罐体的钢结构强度减弱，受威胁罐体内部压力快速上升，泄压速度小于压力增长速度，最终罐体内部压力超过罐体结构所能承受的最大压力值，罐体结构失效破坏，压力释放。

二、燃爆超压失效

在油罐火灾现场，受威胁邻近罐体内部可燃气体被外部着火罐体引燃，罐体内部压力随着可燃气体的燃烧而增大，在压力上升的过程中，当达到罐体承压极限时罐体结构失效，发生破坏；或在压力上升过程中，先达到可燃气体爆炸极限，发生爆炸，此时罐体内部压力急速上升，超出罐体所能承受的压力极限时，罐体结构失效；罐体内可燃气体燃烧、爆炸的过程，内部压力增加速率不同，罐体结构失效时间不同，如图 2-6 所示。

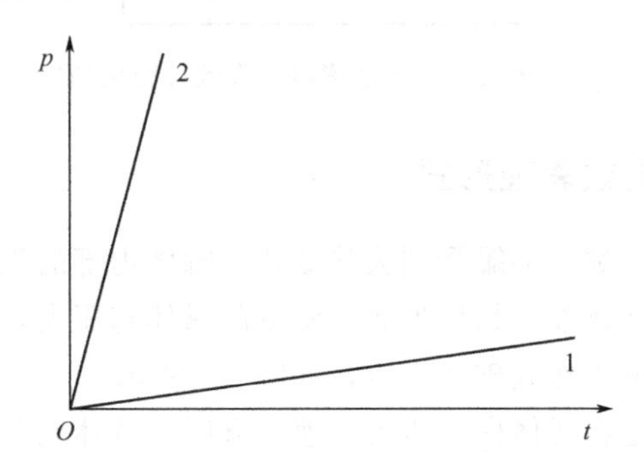

图 2-6　罐体内压力上升示意图

1—可燃气体燃烧；2—可燃气体爆炸

罐体内部可燃气体不断燃烧释放能量，罐体内部压力不断增大，过程 1 在燃烧速率达到一定值时，即可转化成过程 2 可燃气体爆炸；在过程 1、过程 2 的中间任何一个时刻都有可能达到罐体结构的极限，罐体发生破坏，压力上升过程终止。

在油罐火灾现场，邻近罐体受到着火罐体、流淌火等火势威胁时，可能发生静态超压爆炸或燃爆超压爆炸，其爆炸过程发生机理如图 2-7 所示。

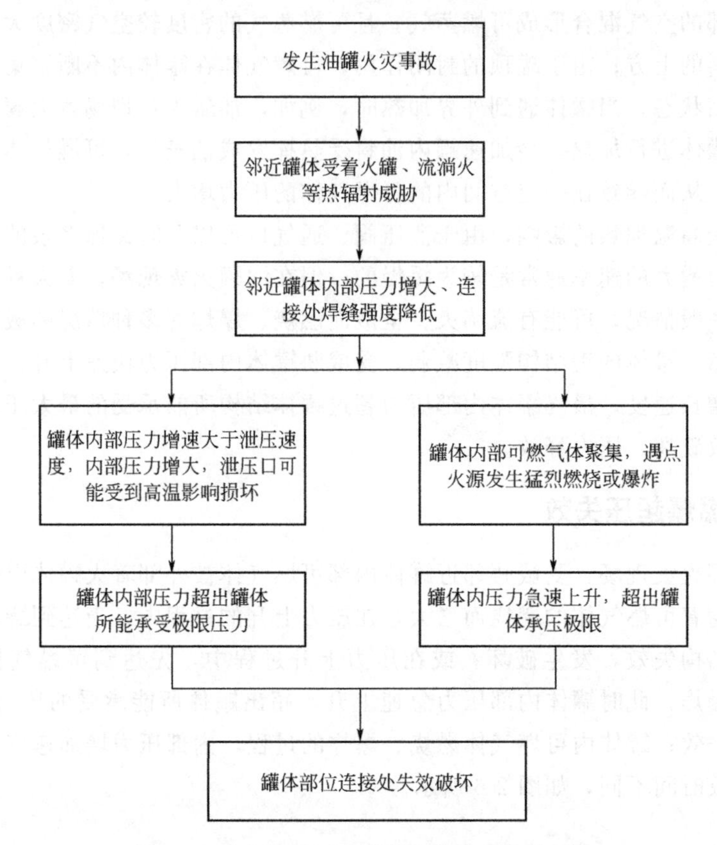

图 2-7　火灾情况下油罐爆炸失效过程机理图

三、油罐爆炸失效表现形式

在油罐火灾现场，邻近油罐受到火势威胁，罐体内部的气体压力增大到一定值时超出罐体极限，罐体发生结构失效。常见的罐体超压失效形式主要是罐体底壁连接处失效以及顶壁连接处破坏失效，如图 2-8 所示。

底壁连接处失效是在罐体内部压力急速上升时，罐体底壁连接处的焊接强度先于罐顶破坏，发生的结构性破坏叫做提离，破坏形式表现为底壁焊缝处局部撕裂或底壁整体分离，罐体上半部分被炸飞，此时造成的人员伤亡威胁极大。

内部压力使罐体抗压环截面屈服，底壁连接处发生结构性破坏，罐体发生不规则的变形，外部表现为罐体凹陷坍塌等，如图 2-9 所示。

罐体顶壁连接处焊缝发生撕裂破坏，泄掉内部压力，罐体发生规则形变，表现为罐顶撕裂开规则的开口或罐顶整个撕裂掀飞，如图 2-10 所示。

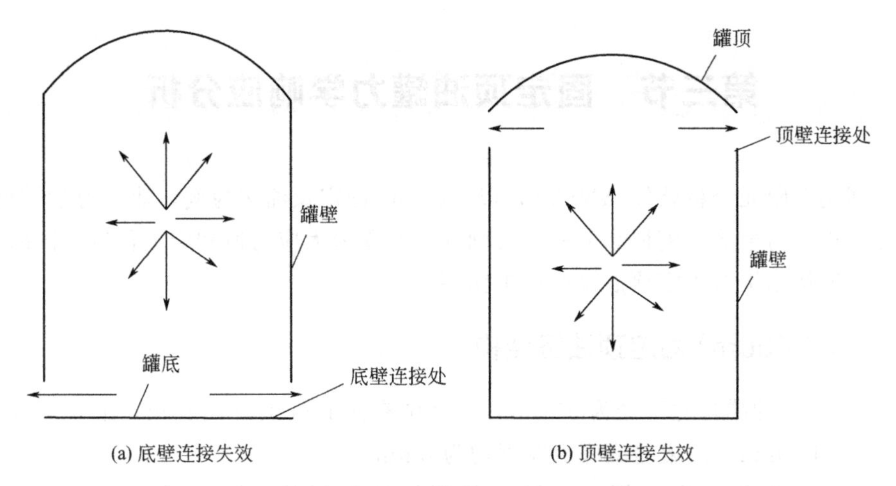

图 2-8 固定顶油罐在爆炸作用下结构失效

图 2-9 罐体凹陷坍塌

图 2-10 罐体撕裂破坏

第三节 固定顶油罐力学响应分析

利用有限元分析软件 ANSYS，以 3000m^3 固定顶油罐为例，建立力学模型，对油罐进行力学响应模拟和分析，得到油罐所受最大应力值和应力位置，同时验证了弱连接结构对固定顶油罐的保护作用。

一、3000m^3 固定顶油罐结构

3000m^3 油罐罐底半径为 9515mm，其中有 65mm 的外侧底板，油罐底部内半径为 9450mm，油罐的罐底板厚度均为 8mm。

油罐罐壁共分为 8 层，从最底部开始计算层数，第一层罐壁的厚度为 12mm；第二层、第三层罐壁厚度为 10mm，高度为 1580mm；第四层、第五层罐壁厚度为 8mm，高度均为 1580mm；第六层、第七层、第八层厚度均为 6mm，第六层和第七层高度为 1580mm、第八层高度为 1180mm；每两层罐壁之间使用厚度为 6mm、高度为 3mm 的焊缝连接。第八层罐壁上方连接包边角钢，包边角钢规格为 75mm×75mm×8mm。

顶部罐壁板与包边角钢通过罐壁顶部为 6mm 焊脚的三角形焊缝连接。

油罐罐顶为中心顶板和罐顶板拼接而成。中心顶板为直径 2000mm，厚度 6mm 的圆板。罐顶板为长度 8715mm 的弧形钢板，钢板弧度半径为 22680mm，罐顶板与包边角钢成 24.5°。

罐顶板与包边角钢通过焊脚为 4mm 的三角形焊缝连接。

油罐所使用的材料为 Q235-A 和 Q235-A，F，各个不同部位所使用的材料参数如表 2-2 所示。

表 2-2 3000m^3 固定顶油罐材料参数表

部位名称	材料名称	弹性模量/MPa	密度/kg/m^3	泊松比	屈服强度/MPa
罐底板	Q235-A	2.12×10^{11}	7860	0.288	235
罐壁	Q235-A	2.12×10^{11}	7860	0.288	235
包边角钢	Q235-A	2.12×10^{11}	7860	0.288	235
罐顶板	Q235-A,F	2.08×10^{11}	7860	0.277	235
中心顶板	Q235-A,F	2.08×10^{11}	7860	0.277	235

二、有限元模型单元类型选取

本模型采用的是 PLANE 183 单元作为模拟所使用的网格单元。PLANE 183 是一个高阶 2 维 8 节点单元，具有二次位移函数，可以很好地适应不同规则模型

的分网。PLANE 183 单元具有塑性、蠕变、应力刚度、大变形及大应变的能力，可以模拟接近不可压缩的弹塑性材料的变形，如图 2-11 所示。

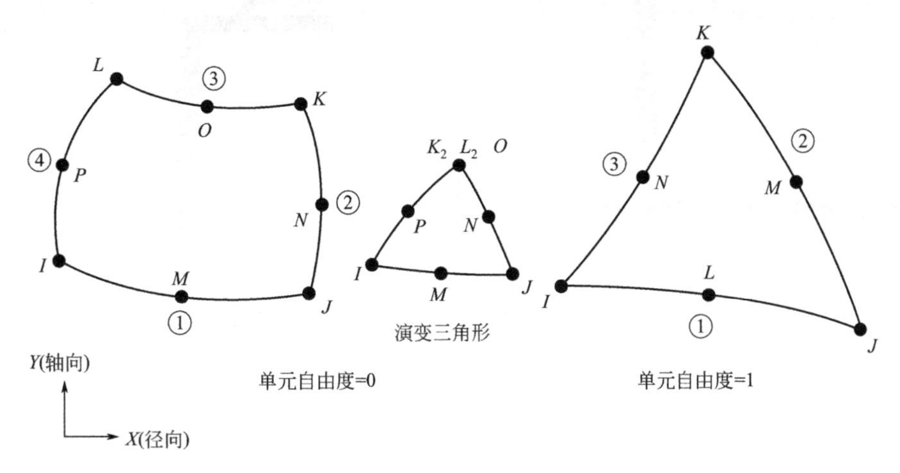

图 2-11　PLANE 183 结构图

三、网格划分

由于 3000m^3 固定顶油罐中各个结构和荷载大小不相同，因此采用了自由网格划分和映射网格划分两种方法相结合的方式。

整体结构较为规范的罐底和罐壁部分，通过映射网格划分的方式进行，这样产生的网格单元面积大。

对于结构造型较为复杂的包边角钢、罐顶和焊缝结构，则选择使用限定单元面积的自由网格划分，一方面确保网格划分的精度，另一方面保证连接部位的匹配。

划分后单元总数量为 286997 个，节点总数为 924186 个，划分结果如图 2-12 所示。

四、边界条件和荷载

3000m^3 固定顶油罐在设置中对罐底板施加了固定约束，该约束施加在罐底板的底面上，所以罐底和地面是处于固定状态，不会发生任何方向的位移。对该模型的对称轴施加了轴对称约束，以便采用轴对称模型进行计算，减少计算量。

根据牛顿经典力学理论，重力作用 G 的取值如式(2-1) 所示：

$$G=mg=\rho Vg \tag{2-1}$$

式中，G 为油罐自重，N；ρ 为罐体材料密度，kg/m^3；V 为罐体材料体积，m^3；g 为重力加速度，m/s^2。

固定顶油罐中油品的静压力为三角形分布，随着高度的上升而减少，如图 2-13所示。

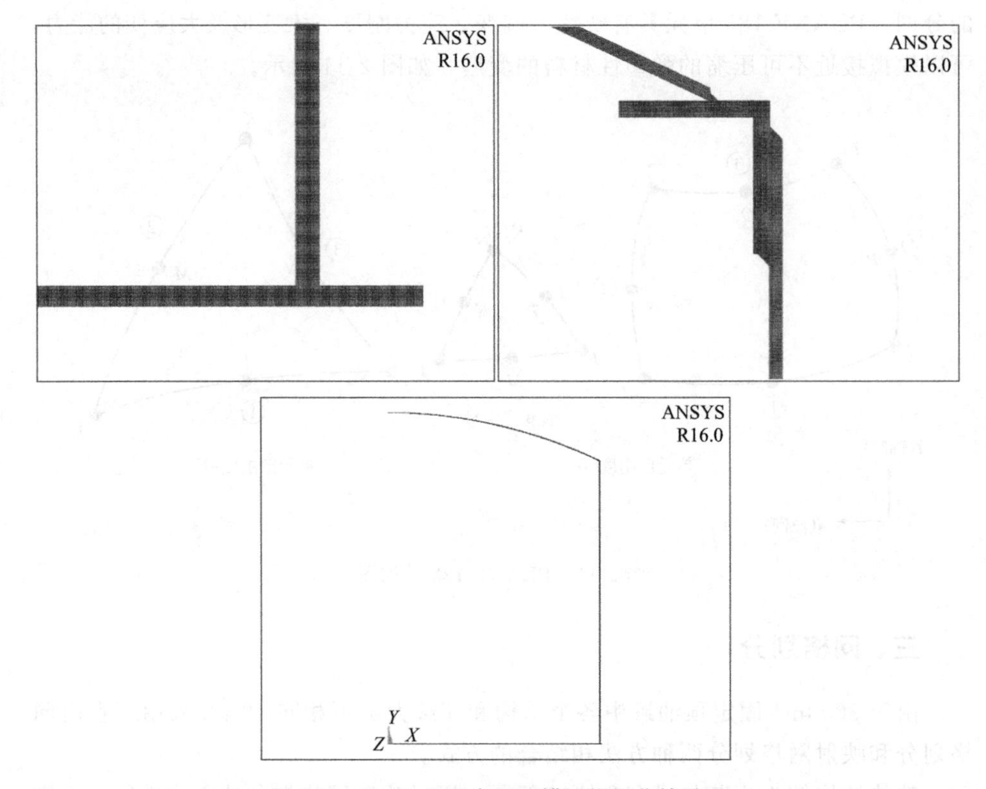

图 2-12　3000m³ 固定顶油罐网格划分结果图

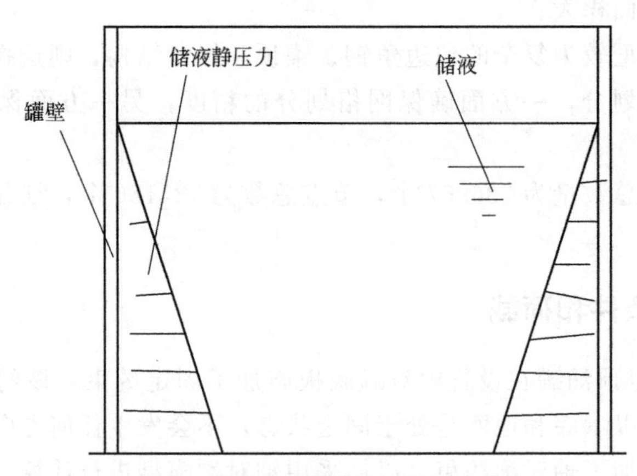

图 2-13　固定顶油罐液体静压力分布

液体静压力数值可以根据式(2-2) 计算：

$$p_g = \rho g h \tag{2-2}$$

式中，p_g 为液柱静压力，Pa；ρ 为液体密度，kg/m^3；g 为重力加速度，m/s^2；h 为与液面的距离，m。

固定顶油罐的设计压力取安全阀的极限工作压力，正压 1960Pa，负压 490Pa。

对于试验压力，正压取 1.1 倍的设计正压，即 2156Pa。当油罐处于普通的工作状态中时，其内部的气压不会造成安全阀的启动，更不会达到设计的正压极限。

当固定顶油罐处在火灾条件中时，油罐受到周围火焰的影响，内部温度出现上升，液体蒸发速率增加，造成内部的气压上升，当达到 1960Pa 时，安全阀会开启。此时会出现两种不同的情况，如果拱顶罐罐内的气压上升速率小于安全阀的工作时的降压速率时，拱顶罐罐内的气体会不断泄出，压力出现下降的趋势，油罐也将会趋于稳定。但如果拱顶罐罐内气压上升的速率大于安全阀的泄压速率时，拱顶罐内部的气压仍会上升，当达到拱顶罐的失效极限条件时，拱顶罐便会在压力的作用下发生撕裂。这里通过设定不同压力差值的大小，计算油罐的失效压力。

第四节 固定顶油罐力学响应结果分析

一、失效强度理论

以材料力学四大强度理论为基础，结合固定顶油罐的实际情况，选取第四强度理论（表 2-3），即 MISES 应力理论进行分析。

表 2-3 四大强度理论

理论	内容	适用
第一强度理论(最大拉应力理论)	认为引起材料脆性破坏的因素是最大拉应力,无论什么应力状态,只要构件内一点处的最大拉应力达到单向应力状态下的极限应力,材料就要发生脆性断裂	适用于脆性材料,例如铸铁
第二强度理论(最大伸长线应变理论)	认为最大伸长线应变是引起断裂的主要因素,无论什么应力状态,只要最大伸长线应变达到单向应力状态下的极限值,材料就要发生脆性断裂破坏	适用于极少数脆性材料复合,应用很少
第三强度理论(最大剪应力理论)	认为材料在复杂应力状态下的最大剪应力达到在简单拉伸或压缩屈服的最大剪应力时,材料就发生破坏。由此,弹性失效准则的强度条件为:$\sigma_1-\sigma_3\leqslant[\sigma]$。式中,$\sigma_1$ 和 σ_3 分别为材料在复杂应力状态下的最大主应力和最小主应力;$\sigma_1-\sigma_3$,也即当量应力;$[\sigma]$为材料的许用应力	适用于塑性材料,如低碳钢,形式简单,应用极为广泛,尤其经常应用于油罐一类压力容器的力学强度判断中
第四强度理论(畸变能密度理论)	认为形变改变比能是引起材料屈服破坏的主要因素,无论什么应力状态,只要构件内一点处的形状改变比能达到简单轴向应力状态下的极限值,材料就要发生屈服破坏	适用于大多数塑性材料,与第三强度理论相比,更为准确

MISES 应力可由式(2-3) 计算：

$$\sigma=[1/2(\sigma_1\sigma_2)^2+(\sigma_2\sigma_3)^2+(\sigma_3\sigma_1)^2]^{(1/2)} \tag{2-3}$$

式中，σ_1，σ_2 和 σ_3 分别指第一、二、三主应力。

二、不同内压下的应力分析

油罐内压分别取 1000Pa、2000Pa、3000Pa、4000Pa 和 5000Pa，得到油罐的不同应力分布（图 2-14～图 2-18）。

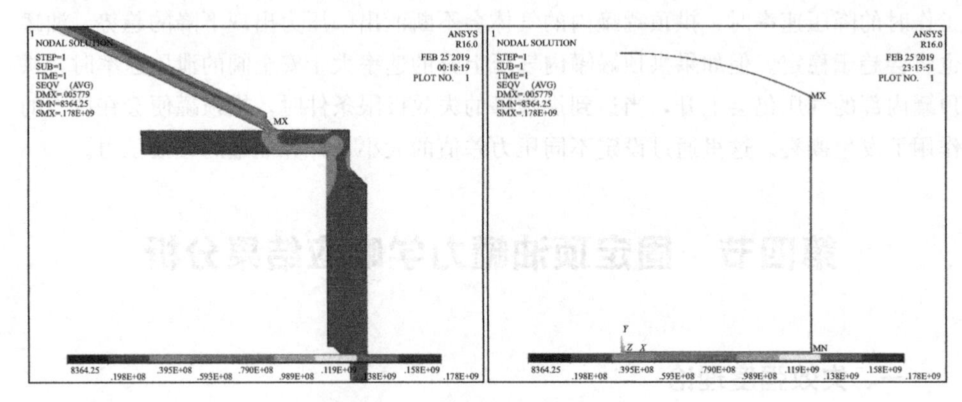

图 2-14　1000Pa 内压模拟结果图

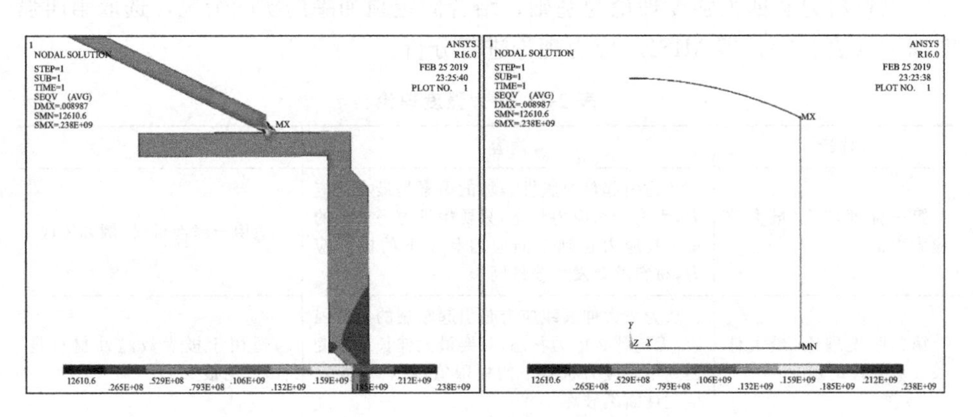

图 2-15　2000Pa 内压模拟结果图

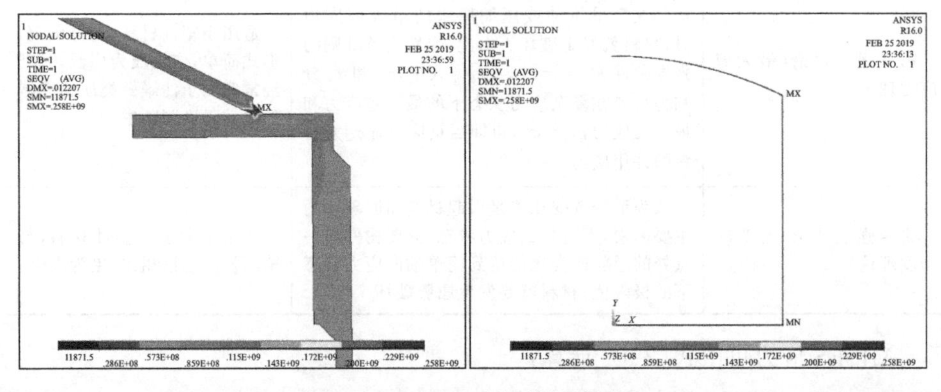

图 2-16　3000Pa 内压模拟结果图

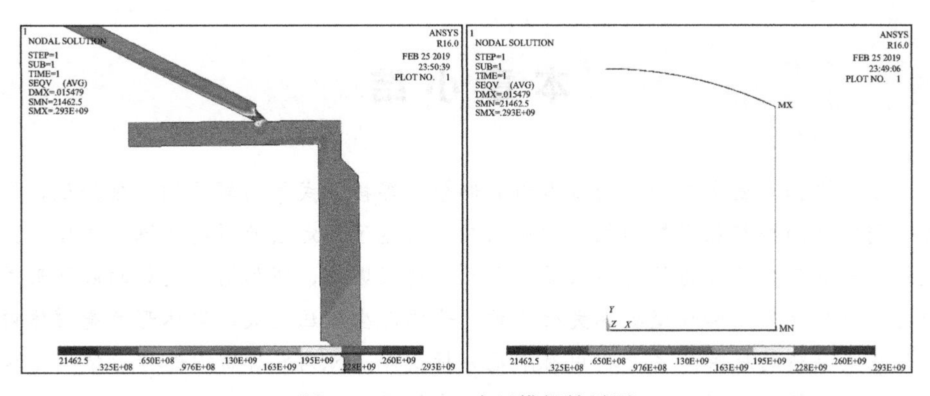

图 2-17　4000Pa 内压模拟结果图

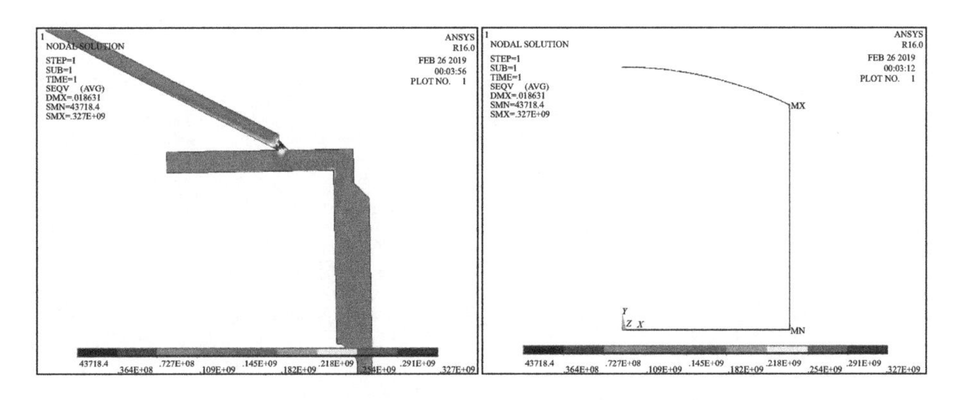

图 2-18　5000Pa 内压模拟结果图

不同油罐内压下，固定顶油罐的最大应力值和应力位置如表 2-4 所示。

表 2-4　不同压力下固定顶油罐最大应力值和应力位置（3000m^3）

内部压力/Pa	最大压力部位	最大受力值/MPa	最大形变部位	最大形变值/mm
1000	弱连接结构	178	罐顶中心	5.78
2000	弱连接结构	238	罐顶中心	8.99
3000	弱连接结构	258	罐顶中心	12.21
4000	弱连接结构	293	罐顶中心	15.48
5000	弱连接结构	327	罐顶中心	18.63

由表 2-4 和图 2-14～图 2-18 可以看出，油罐的最大压力位置均为弱连接结构处，该油罐弱连接结构起到了保护油罐的目的，油罐设计合理。最大形变处均为罐顶中心处，随着内压由 1000Pa 上升到 5000Pa，最大形变值由 5.78mm 增加到 18.63mm，油罐形变量增加。油罐的最大应力也由 178MPa 增加到 327MPa，应力值也逐渐增加。

本章小结

本章概括了固定顶油罐的基本组成部分、焊接方式等油罐结构基础知识，介绍了固定顶油罐超压爆炸的相关理论基础，阐述了固定顶油罐超压爆炸机理。固定顶油罐超压爆炸分为静态超压爆炸和燃爆超压爆炸，罐体爆炸失效的破坏形式分为顶壁破坏失效和底壁破坏失效两种。罐体发生超压失效，罐体形变是罐体内部超压最直观的反映。另外利用有限元分析软件ANSYS对油罐进行力学响应模拟和分析，得到油罐所受最大应力值和应力位置。

第三章　固定顶油罐失效判定

通过对固定顶油罐力学响应规律的模拟分析，确定了油罐在内部压力上升的情况下，其最先发生失效破坏的位置是在固定顶油罐罐顶和包边角钢连接处的焊缝位置，即设计中的弱连接结构处。本章进一步对有限元模拟结果和弱连接结构失效准则进行了验证，同时对固定顶油罐热力学失效进行模拟，拟合得到不同容积油罐在不同火场温度下的失效压强曲线，对于火灾现场下指挥员对油罐状态的判断具有重要的指导意义。

第一节　固定顶油罐的失效准则

设计并进行弱连接结构受力失效实验，确定了弱连接结构在不同温度下的水平和垂直方向的受力极限，建立固定顶油罐的失效准则，用于判定油罐在不同的温度下何时会发生结构失效。

一、弱连接结构

根据国标 GB 50341—2014《立式圆筒形钢制焊接油罐设计规范》，罐顶与罐壁的连接宜采用图 3-1 所示的结构，且应符合下列规定。

1. 直径不小于 15m 的油罐

① 连接处的罐顶坡度不应大于 1/6；

② 罐顶支撑构件不得与罐顶板连接；

③ 罐顶板与包边角钢仅在外侧连续角焊，且焊脚尺寸不应大于 5mm，内侧不得焊接；

④ 连接结构需满足式(3-1) 的要求：

$$A=\frac{m_t g}{1415\tan\theta} \tag{3-1}$$

式中，A 为罐顶板与罐壁板连接处的有效连接面积，mm^2；m_t 为壁板和其他所承受部分（不包括罐顶板）的总质量，kg；θ 为罐顶板在罐顶与罐壁连接处与水平面之间的夹角，(°)；g 为重力加速度，取 $9.8m/s^2$。

2. 直径小于 15m 的油罐

除满足上述的所有要求外，同时还应满足：

① 应进行弹性分析确认，在空罐条件下罐壁与罐底连接处强度不应小于罐

壁与罐顶连接处强度的 1.5 倍，满罐条件下罐壁与罐底连接处强度不应小于罐壁与罐顶连接处强度的 2.5 倍；

② 与罐壁连接的附件（包括接管、人孔等）应能够满足罐壁竖向位移 100mm 时不发生破坏；

③ 罐底板应采用对接结构。

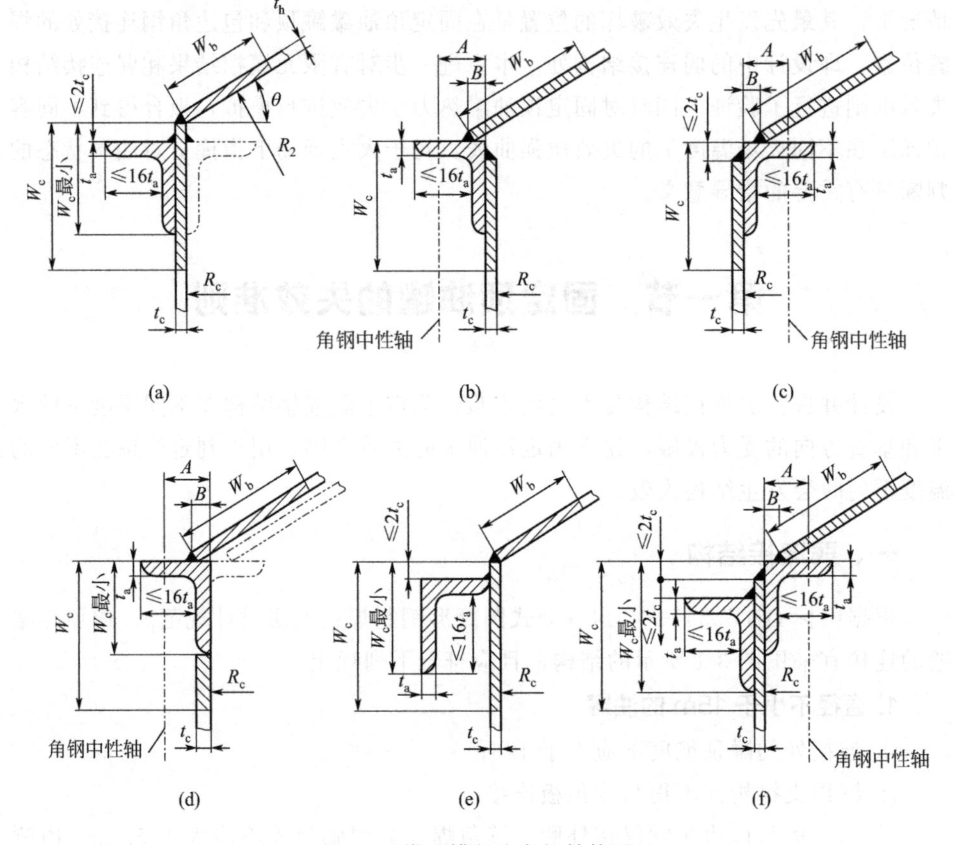

图 3-1 拱顶罐包边角钢结构图

二、实验件设计

对于弱连接结构的研究应采用全尺寸试件进行试验，对真实的油罐进行加压加温，达到其极限条件，来对拱顶罐的失效准则进行研究。但由于这种试验的成本极高，很难实现。这里采用周期对称模型对拱顶油罐弱连接结构进行研究。

弱连接结构中顶板与包边角钢的受力 F 垂直于其受力面，由拉力和剪切力共同作用，可分解为横向力 F_x 和垂直力 F_y，如图 3-2 所示。

设计两种实验构件，分别用于对水平方向和垂直方向的分力进行测量。垂直方向实验构件如图 3-3 所示，实验构件整体大致为圆柱形，总长度为 730mm。

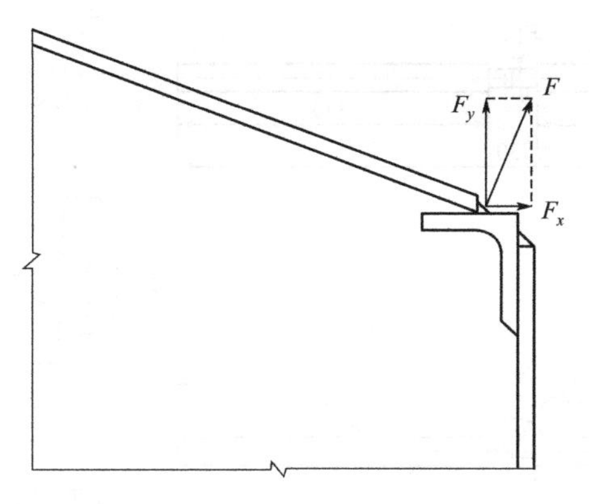

图 3-2　顶板与角钢焊点受力图

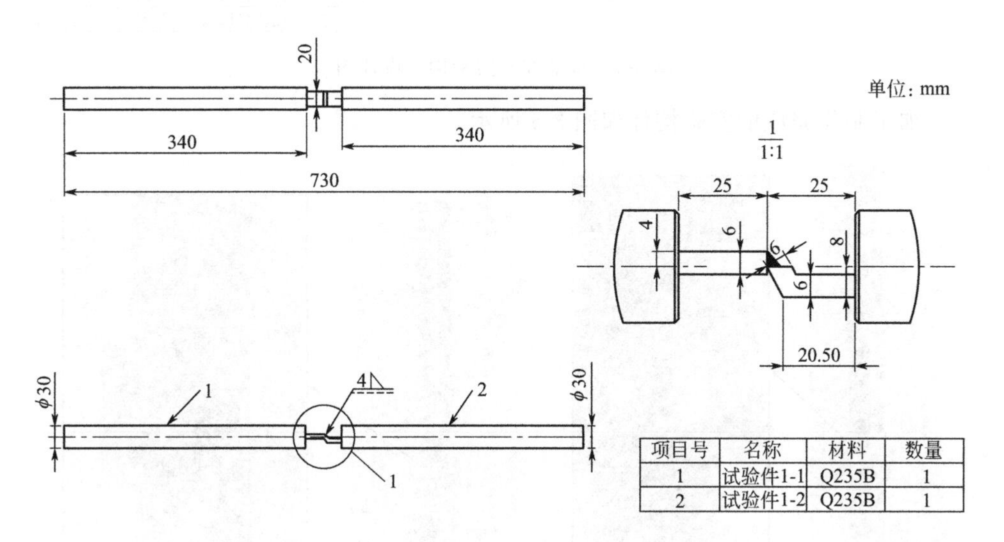

项目号	名称	材料	数量
1	试验件1-1	Q235B	1
2	试验件1-2	Q235B	1

图 3-3　垂直方向实验构件设计图

图中 1、2 两部分为两个用于夹持的实心钢柱，每个钢柱长 340mm，直径为 30mm。中间放大部位为实验件的核心，其主体构造与弱连接结构保持一致，箭头标记处焊脚为 4mm，焊缝上端的罐顶进行部分截取，其厚度与真实油罐一致为 6mm，下方的包边角钢则简化为厚度为 6mm 的钢板。

构建整体存在部分偏移，以消除在受力过程中出现的剪切力对其垂直方向受力产生的影响。

水平方向的实验构件如图 3-4 所示，实验构件总长度同样为 730mm，其中的 1、2 部分为两个用于夹持的钢柱，分别为长 340mm，直径 30mm 的圆柱体。中间部分同样与弱连接结构保持一致，但为水平结构竖直化设计，箭头标记处焊脚为 4mm，焊缝两侧分别为部分截取的包边角钢和简化的罐顶，其厚度均为 6mm，同时为了消除剪切力，构件也进行了部分偏移。

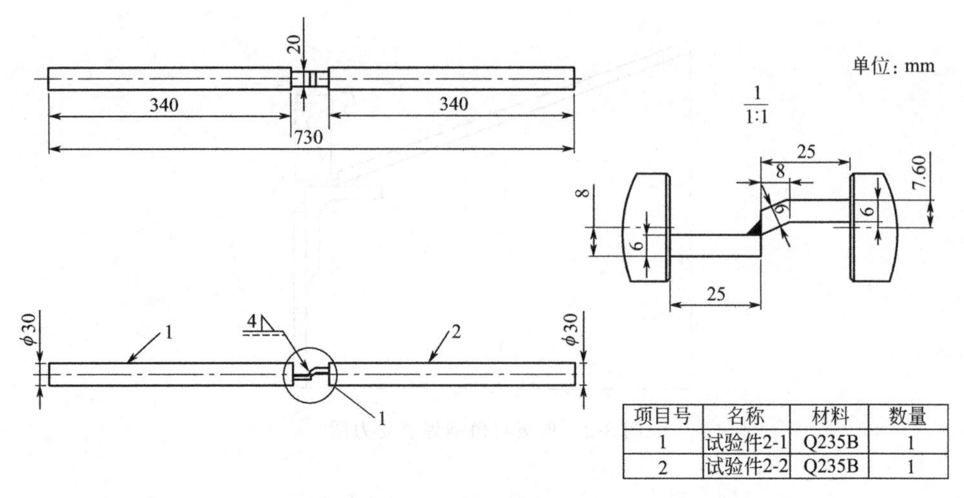

项目号	名称	材料	数量
1	试验件2-1	Q235B	1
2	试验件2-2	Q235B	1

图 3-4　水平方向实验构件设计图

加工制作完成的实验构件如图 3-5 所示。

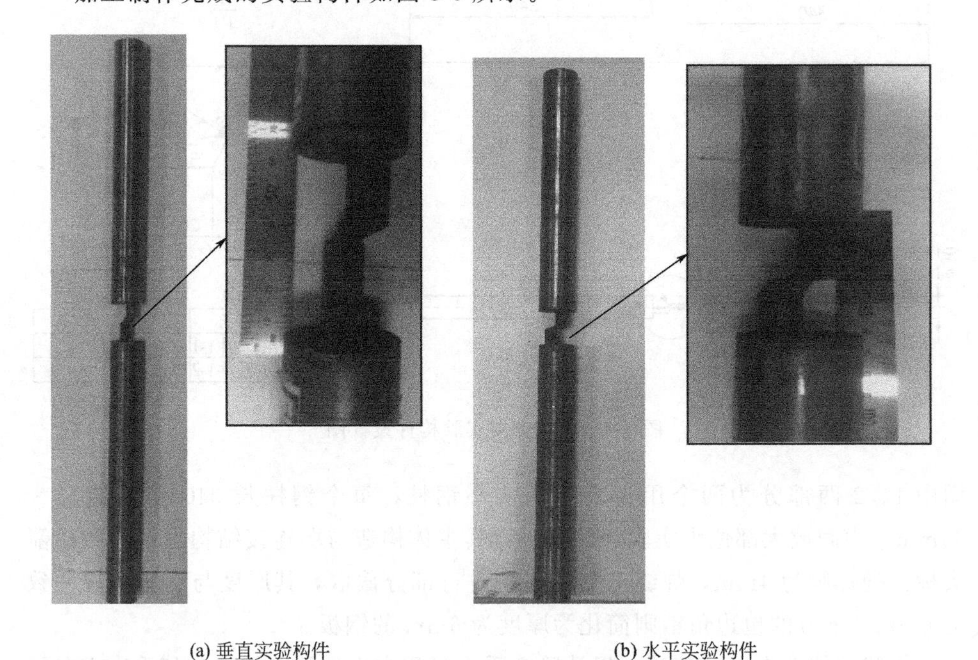

(a) 垂直实验构件　　　(b) 水平实验构件

图 3-5　加工制作完成的实验构件

三、实验装置

本次实验使用的是材料高温力学性能实验平台，该平台主要由四部分组成，分别为控制系统、数据采集系统、材料拉伸系统和液压系统。实验装置如图 3-6 所示。

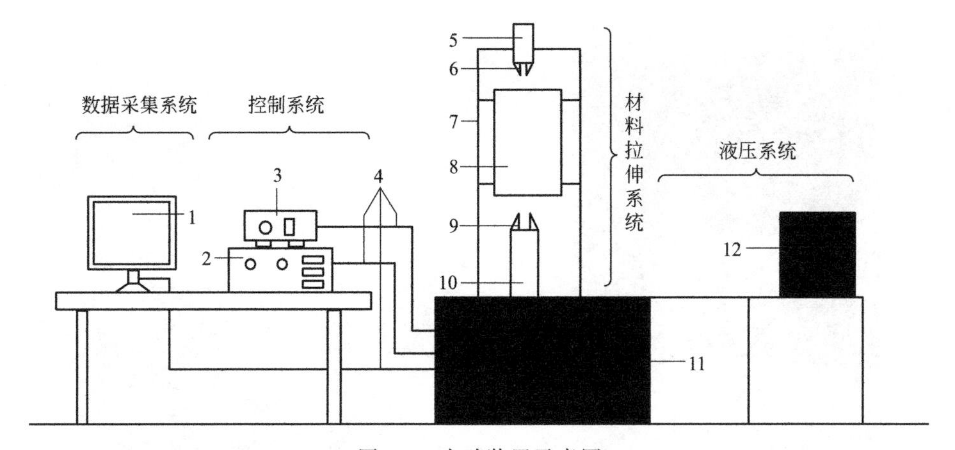

图 3-6　实验装置示意图

1—电子计算机；2—温度控制器；3—手动液压控制器；4—数据连接线；
5—上端手柄；6—上端夹具；7—支撑架；8—加热炉；9—下端夹具；
10—下端手柄；11—液压泵；12—液压油箱

1. 控制系统

该系统包括两个部分，分别是温度控制器和手动液压控制器。温度控制器连接着加热炉中的热电偶，可以控制加热炉的温度，并通过三个热电偶分别对炉内上、中、下三个不同位置的温度进行监测。手动液压控制器主要是用于对拉伸系统的位置和加压进行调整，如图 3-7 所示。

温度控制器

手动液压控制器

图 3-7　控制系统

2. 材料拉伸系统

该系统有控制器、手柄、夹具、加热炉、支撑架和液压泵六部分组成，如图 3-8所示。

3. 液压系统

该系统由装有液压油的油泵和油箱组成，如图 3-9 所示。

图 3-8 材料拉伸系统

图 3-9 液压系统

4. 数据采集系统

该系统为计算机集成，在计算机上安装了 MaxTest 软件。该软件可以全面控制设备进行拉伸实验，同时记录各项数据，将实验结果以 TXT 文档储存在硬盘中方便使用，如图 3-10 所示。

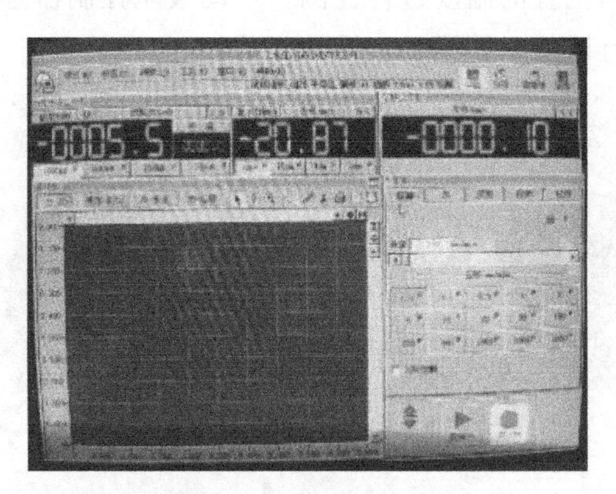

图 3-10 数据采集系统

四、实验过程

根据实验要求，将实验构件根据其结构不同分为两组，垂直构件作为 A 组，水平构件作为 B 组。同时对每一个构件分别作编号处理，将夹持在上方的钢柱编为 1，将夹持在下方的钢柱编号为 2，用来分辨构件的方向。为了研究拱顶罐的失效准则，需要将两组构件分别放置在不同温度条件下，对其受力能力进行测试，因此设计不同编号对应不同温度条件，如表 3-1 所示。

表 3-1 实验构件温度和组别设置表

温度/℃	20	150	300	450	600
A 组编号	A1	A2	A3	A4	A5
B 组编号	B1	B2	B3	B4	B5

在完成编号工作后，开始进行正式实验。

实验第一步为实验构件的夹持，即将实验构件合理地夹持在实验平台上，保证中央的核心部分位于加热炉中间部分，如图 3-11 所示。然后扣合加热炉，将加热炉两端的缝隙用石棉线进行封堵，降低热量的散出，保证加热炉的保温效果。

图 3-11 实验构件放入加热炉

第二步为加热，打开温控仪，设定到实验温度，按下筒式炉按钮开始加热，等待温控仪上三个温度值达到预设值后，开始进行计时，进行 15min 的保温工作，确保整个构件都稳定在预定温度。

第三步为加压，打开 maxtex 软件，依次点击“清零”按钮、“拉力”按钮、“取下引伸计”按钮和“力”按钮，量程选择“100kN”，添加力的速度为“0.5kN/s”，然后点击开始。当实验构件被拉断时，按下停止按钮，将数据保存在计算机中。之后在温控仪中关闭加热功能，打开加热炉进行散热，当温度下降到室温后，将夹持的构件拆卸下来，收拾器材，关闭仪器，完成本组实验。实验完成后的构件如图 3-12 所示。

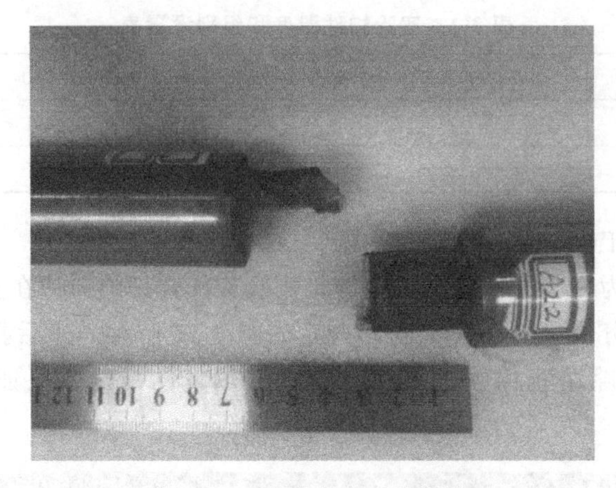

图 3-12 实验完成后的构件

五、实验结果分析

按照上述实验过程，分别对八组构件进行了实验，垂直构件和水平构件实验结果分别如表 3-2 和表 3-3 所示。

表 3-2 A 组实验结果

编号	A1	A2	A3	A4	A5
温度/℃	20	150	300	450	600
分拉力/kN	34.5	31.52	29.7	21.0	14.6
最大应力值/MPa	431	394	371	263	182

表 3-3 B 组实验结果

编号	B1	B2	B3	B4	B5
温度/℃	20	150	300	450	600
分拉力/kN	34.25	31.5	28.95	20.5	15.05
最大应力值/MPa	428	386	360	256	188

根据实验结果，可以拟合得到 $3000m^3$ 拱顶油罐的失效应力与温度关系的拟合公式：

$$p=0.19\times10^{-7}t^4-22.57\times10^{-6}t^3+8\times10^{-3}t^2-1.1726t+448.43$$

式中，p 为失效应力；t 为拱顶罐处温度。

第二节　固定顶油罐热力学失效分析

对于固定顶油罐来说，当其弱连接结构受到足够的水平或者竖直方向的压力时，会最先发生失效，从而造成固定顶罐整体失效。通过前面实验可知，在 20℃

时固定顶罐的弱连接结构所能够承受的极限应力约为 430MPa。确定油罐内压为多少时，弱连接结构的极限应力为 430MPa，对判定油罐失效具有重要意义。

一、不同容积固定顶油罐在 20℃下的失效分析

通过代入不同的压力荷载数值，在多次进行计算后，寻找到了不同容积的固定顶罐在常温下的受压极限，如图 3-13 和表 3-4 所示。

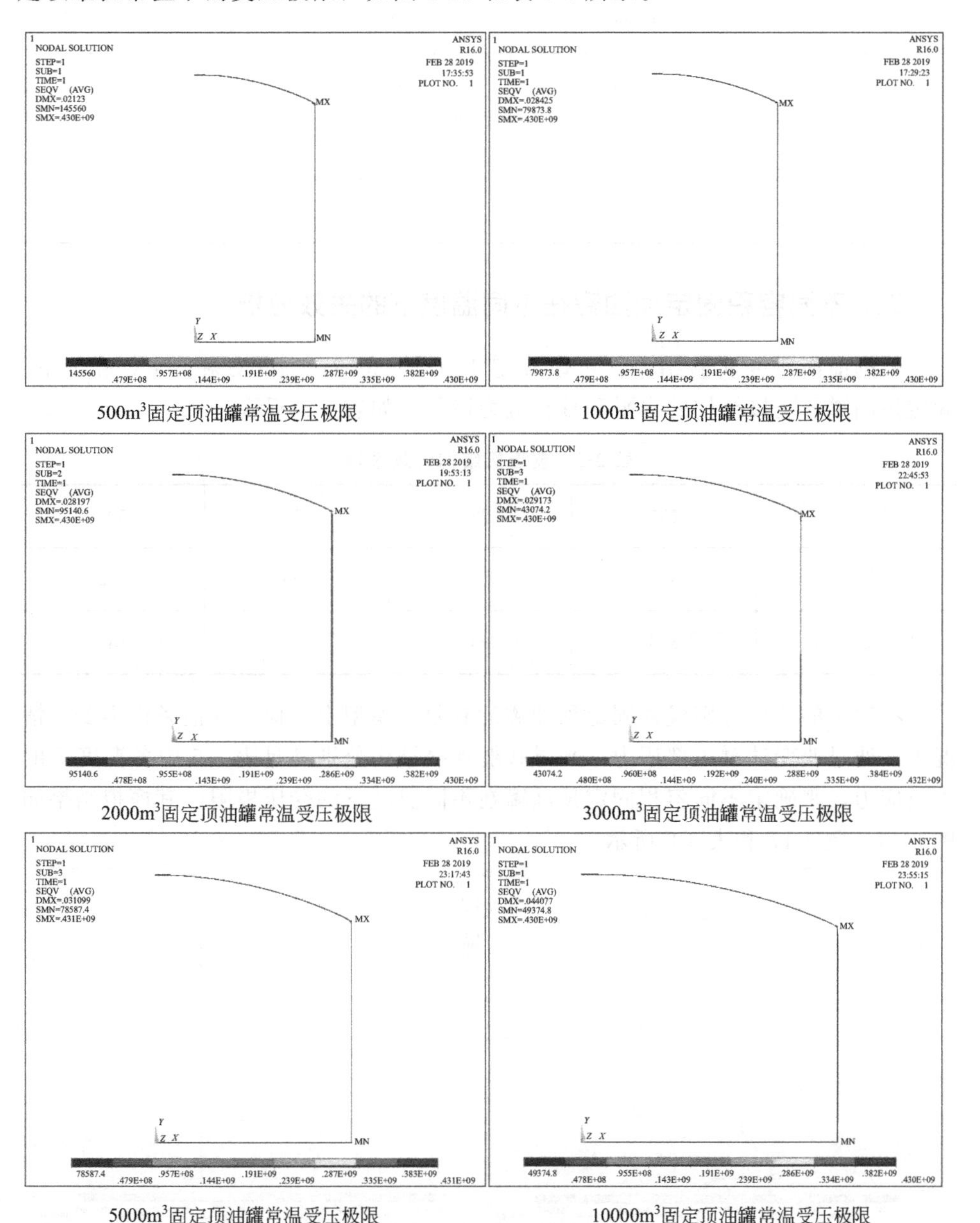

500m³固定顶油罐常温受压极限　　1000m³固定顶油罐常温受压极限

2000m³固定顶油罐常温受压极限　　3000m³固定顶油罐常温受压极限

5000m³固定顶油罐常温受压极限　　10000m³固定顶油罐常温受压极限

图 3-13　不同容积固定顶油罐常温下受压极限模拟结果

表 3-4 不同容积固定顶油罐常温下受压极限

容积/m³	内压/Pa	最大位移点	最大位移值/mm
500	33800	罐顶中心	21.23
1000	22050	罐顶中心	28.43
2000	11960	罐顶中心	28.20
3000	8520	罐顶中心	29.17
5000	6000	罐顶中心	31.10
10000	4000	罐顶中心	44.08

二、不同容积固定顶油罐在不同温度下的失效分析

根据前面研究实验结果，可以确定 150℃、300℃、450℃和 600℃温度下，固定顶油罐弱连接结构的水平和垂直应力极限，如表 3-5 所示。

表 3-5 弱连接结构失效极限

温度/℃	150	300	450	600
垂直失效/MPa	394	371	263	182
水平失效/MPa	386	360	256	188

将表中的数据分别代入固定顶油罐的有限元模型中，保持其他条件不变的情况下，通过改变油罐内部压力，来寻找弱连接结构分别满足表 3-5 中各温度下的失效应力，来确定不同容积固定顶油罐在不同温度下的受压极限，其模拟结果如图 3-14～图 3-17 和表 3-6 所示。

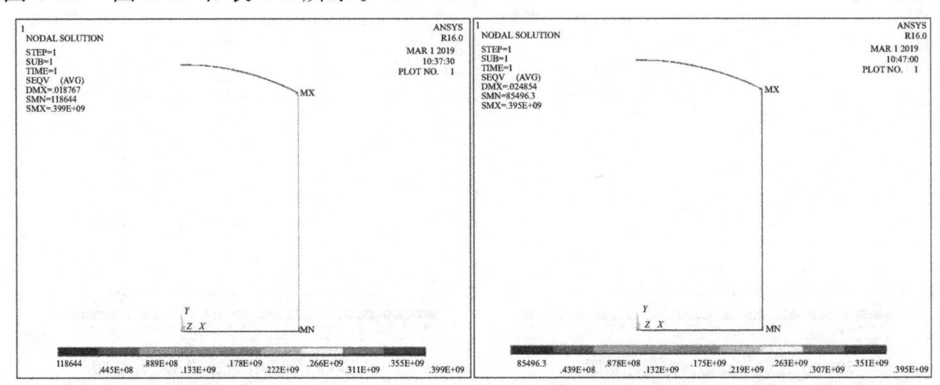

500m³固定顶油罐150℃模拟结果　　1000m³固定顶油罐150℃模拟结果

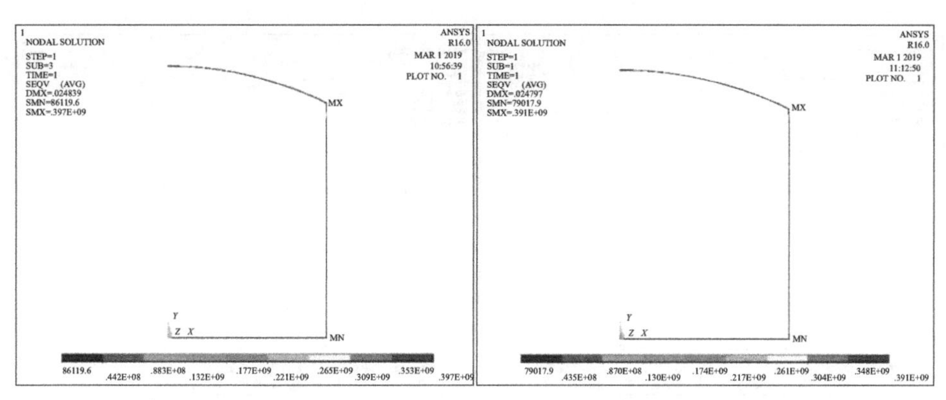

2000m³固定顶油罐150℃模拟结果　　3000m³固定顶油罐150℃模拟结果

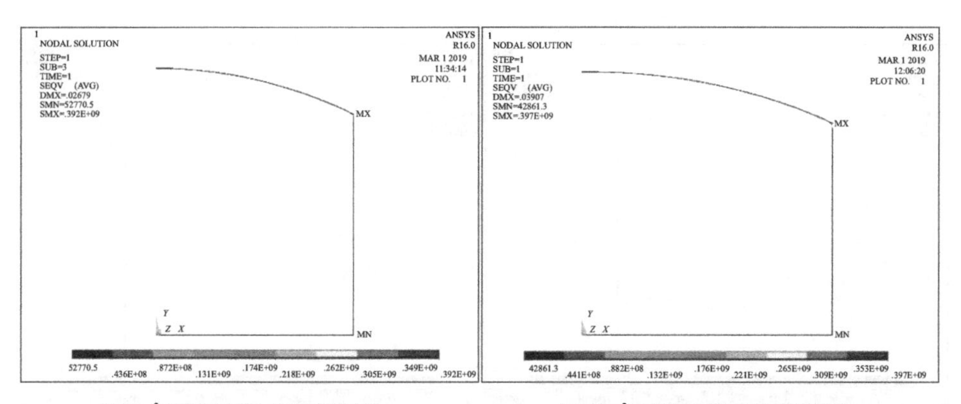

5000m³固定顶油罐150℃模拟结果　　10000m³固定顶油罐150℃模拟结果

图 3-14　150℃下不同容积固定顶油罐模拟结果

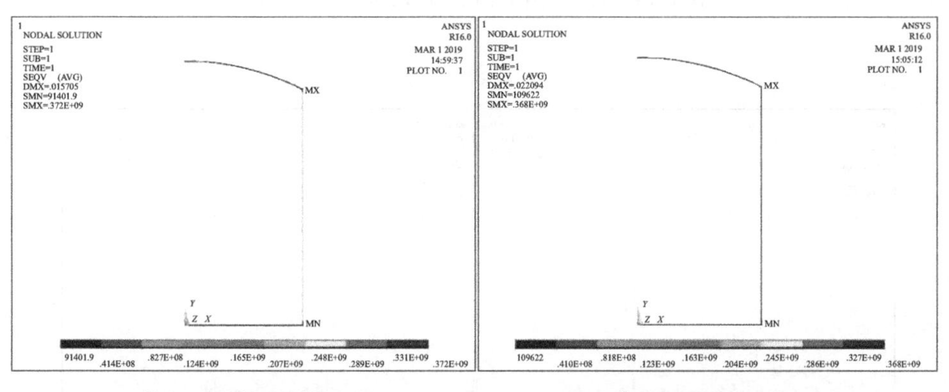

500m³固定顶油罐300℃模拟结果　　1000m³固定顶油罐300℃模拟结果

图 3-15

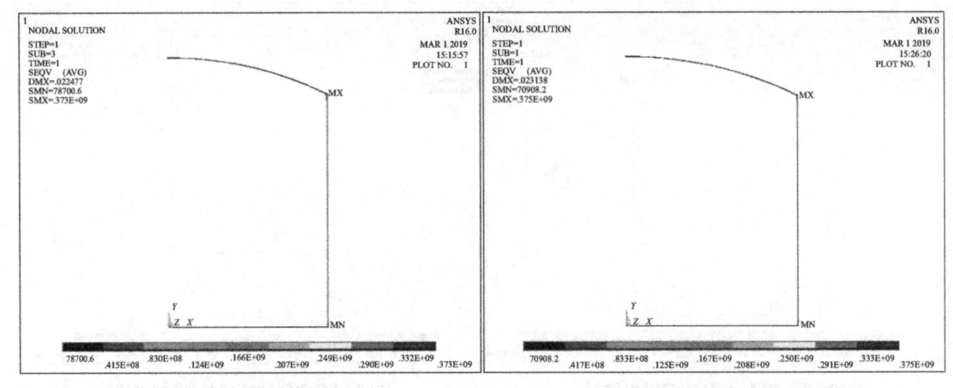

2000m³固定顶油罐300℃模拟结果　　3000m³固定顶油罐300℃模拟结果

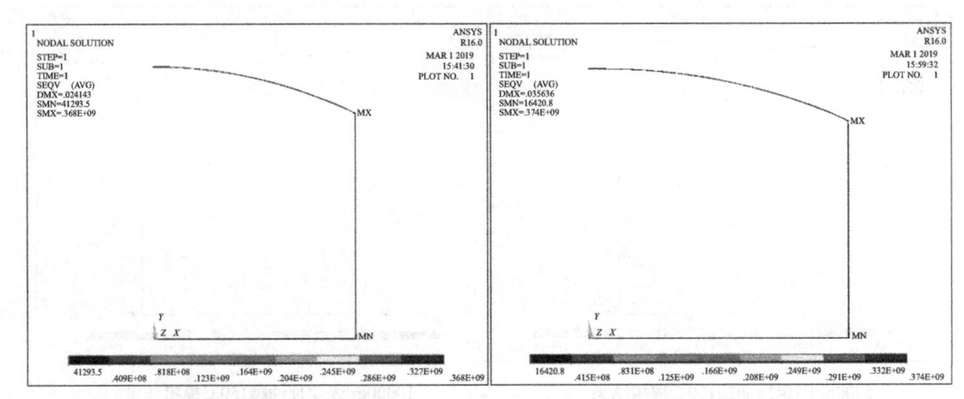

5000m³固定顶油罐300℃模拟结果　　10000m³固定顶油罐300℃模拟结果

图 3-15　300℃不同容积固定顶油罐模拟结果

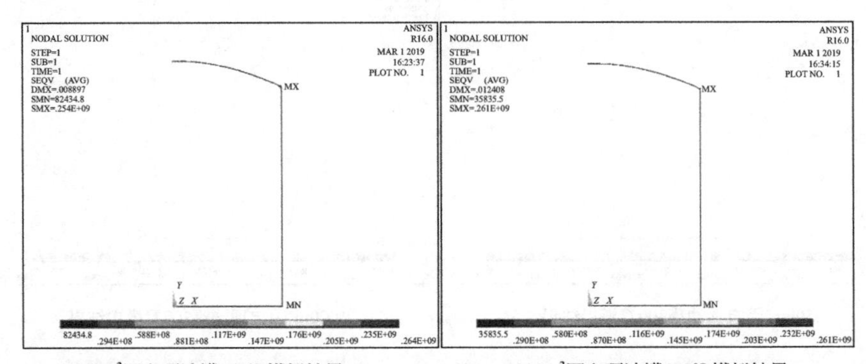

500m³固定顶油罐450℃模拟结果　　1000m³固定顶油罐450℃模拟结果

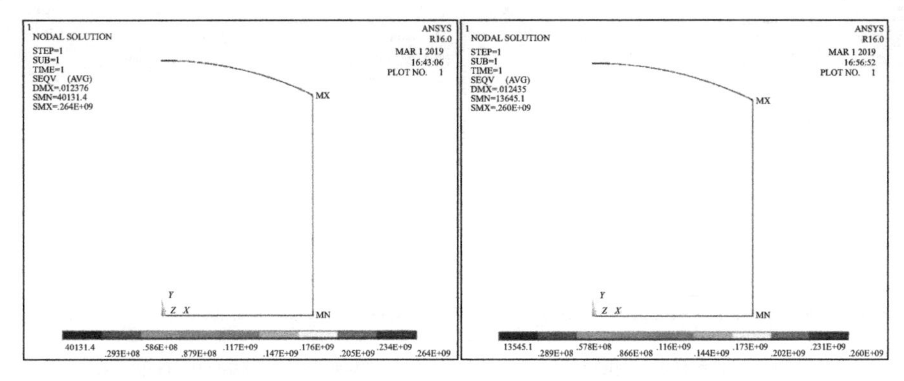

2000m³固定顶油罐450℃模拟结果　　3000m³固定顶油罐450℃模拟结果

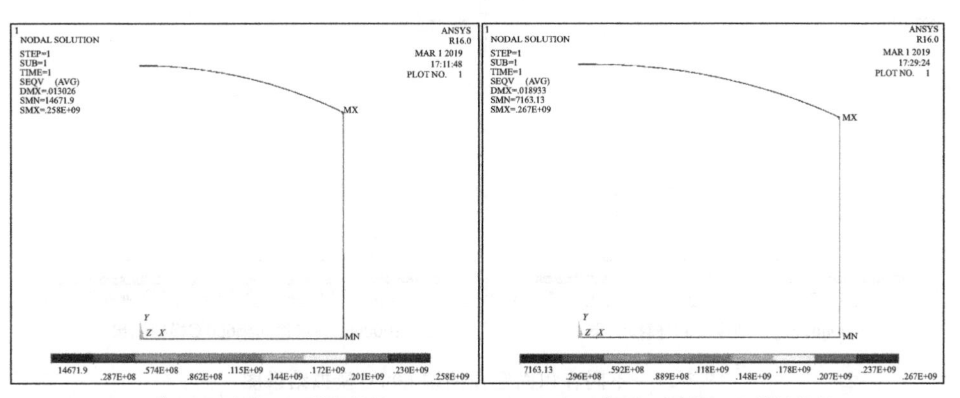

5000m³固定顶油罐450℃模拟结果　　10000m³固定顶油罐450℃模拟结果

图 3-16　450℃不同容积固定顶油罐模拟结果

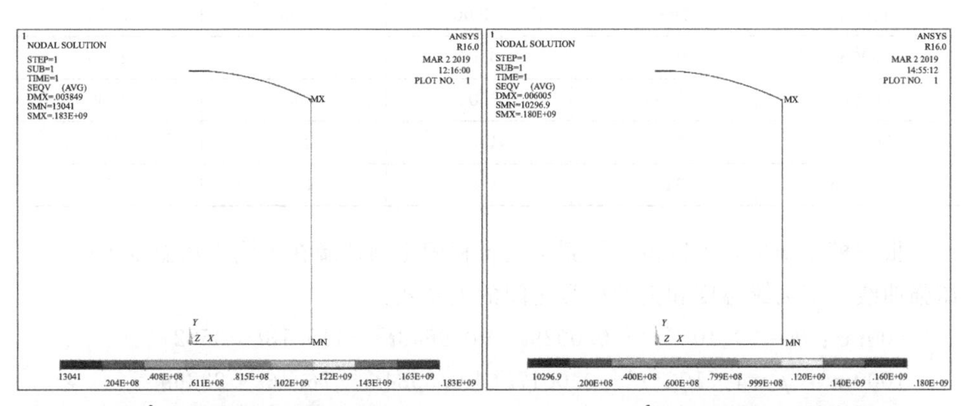

500³固定顶油罐600℃模拟结果　　1000m³固定顶油罐600℃模拟结果

图 3-17

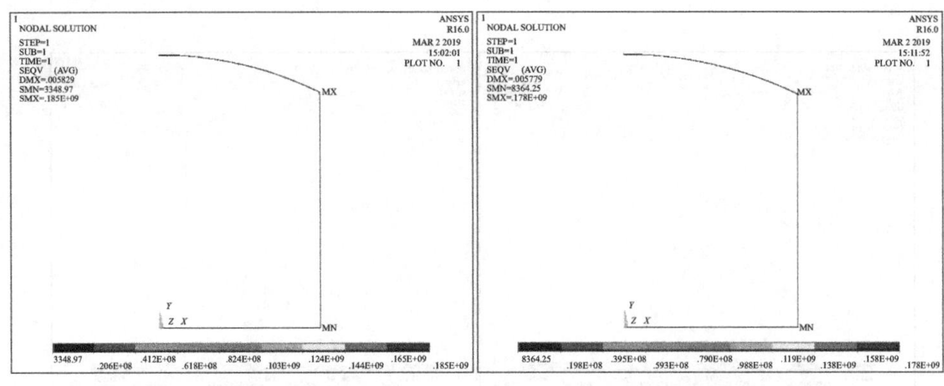

2000m³固定顶油罐600℃模拟结果　　3000m³固定顶油罐600℃模拟结果

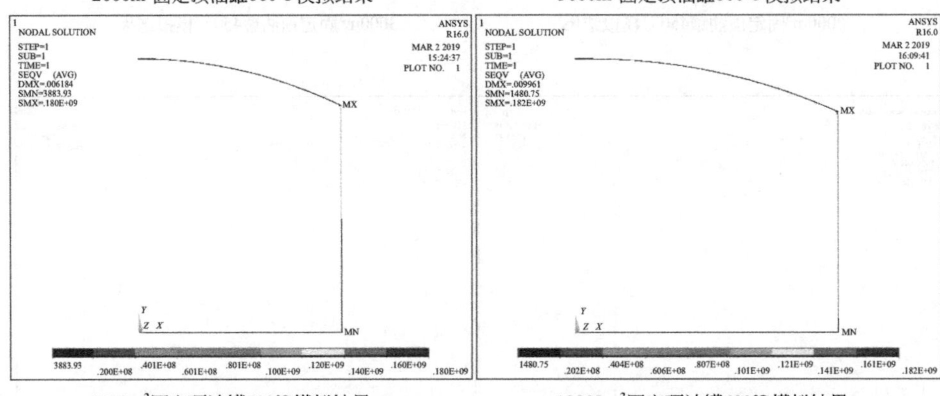

5000m³固定顶油罐600℃模拟结果　　10000m³固定顶油罐600℃模拟结果

图 3-17　不同容积固定顶油罐 600℃模拟结果图

表 3-6　不同容积固定顶油罐不同温度下的受压极限　　单位：Pa

温度/℃	150	300	450	600
500m³	31000	28000	13500	5000
1000m³	19500	16900	8000	3000
2000m³	10500	9300	4500	1600
3000m³	7069	6500	3069	1000
5000m³	5000	4400	2050	610
10000m³	3400	3000	1200	270

根据模型结果，可以拟合得到不同容积固定顶油罐在不同火场温度下的失效压强曲线，即油罐温度和失效压强之间的关系式：

500m³：$p=3\times10^{-6}t^4-0.0029t^3+0.9643t^2-119.18t+35821$

1000m³：$p=1\times10^{-6}t^4-0.0017t^3+0.5584t^2-76.46t+23369$

2000m³：$p=8\times10^{-7}t^4-0.001t^3+0.3334t^2-45.738t+12749$

3000m³：$p=7\times10^{-7}t^4-0.0009t^3+0.3158t^2-45.075t+9302$

5000m³：$p=4\times10^{-7}t^4-0.0005t^3+0.1857t^2-27.443t+6478.7$

10000m³：$p=3\times10^{-7}t^4-0.0004t^3+0.1404t^2-19.297t+4333$

式中，p 为失效压强；t 为油罐温度。

根据模型计算结果，可以得到不同容积固定顶油罐在不同火场温度下的失效曲线，即油罐温度和失效位移之间的关系式：

500m³：$S=1\times10^{-9}t^4-2\times10^{-6}t^3+0.0005t^2-0.0724t+22.483$

1000m³：$S=2\times10^{-9}t^4-2\times10^{-6}t^3+0.0007t^2-0.0955t+30.093$

2000m³：$S=2\times10^{-9}t^4-2\times10^{-6}t^3+0.0007t^2-0.1048t+30.013$

3000m³：$S=2\times10^{-9}t^4-3\times10^{-6}t^3+0.001t^2-0.1392t+31.582$

5000m³：$S=2\times10^{-9}t^4-2\times10^{-6}t^3+0.0009t^2-0.1246t+33.266$

10000m³：$S=3\times10^{-9}t^4-4\times10^{-6}t^3+0.0013t^2-0.1714t+47.026$

式中，S 为失效位移；t 为油罐温度。

第三节　火灾环境下固定顶油罐状态判断

火场侦察行动，是指消防员到达火场之后，运用各种方法与手段了解和掌握火场情况的活动。在油罐火灾现场，火情侦察要始终贯穿于整场灭火救援过程中，消防救援人员由于火焰热辐射以及流淌火的威胁，为保证生命安全不能近距离作战，火情侦察只能在保证安全的情况下远距离侦察。由于受到距离的限制，目前的侦察手段不能及时判断受火势威胁罐体的状态，无法做出及时准确的措施。

一、油罐状态判断指标

在油罐火灾现场，通常判断罐体状态的指标参数是罐体的温度情况以及罐体内部压力情况。目前，灭火救援指挥员多利用望远镜远距离观察，通过罐体周围的火势情况判断罐体温度状态、听取泄压阀声音等方式判断罐体内部压力状态，通过此类方法判断罐体状态多依靠前人总结的经验，存在很多不确定性的干扰条件，导致判断不准确。

罐体结构是钢制结构，其结构强度受高温影响变化较为严重，随着罐体温度的变化，罐体结构失效时的临界内部压力不同，因此目前无法通过单一指标参数对罐体超压爆炸失效进行分析判断。

根据第二节对油罐热力学失效分析的模拟结果可知，不同容积罐体在不同罐体温度下的超压失效压力值不同，因此火灾环境下的罐体超压爆炸的判断不能由一个指标参数确定，需要将“温度”“压力”两个参数相结合，才能判断在该温度状态下的罐体失效压力值。在实际油罐火灾现场通过监测油罐的温度和对应温度数值下的压力，对比该温度下的临界压力数值，即可判断在该状态下罐体所处状态。

二、侦察技术的局限性

目前油罐火灾现场的侦察技术、仪器侦察手段都存在自身的局限性，由于油罐火灾现场环境十分复杂且随时存在爆炸的可能性，所以对罐体进行侦察监测时，在保证人员安全的前提下，需要实现远距离实时监测罐体的温度和压力参数值。油罐火灾现场罐体的温度可以通过红外测温仪来实现测量，而罐体压力值无法通过远距离非接触式测量获取，压力参数的获取只能通过在罐体上安装接触式压力传感器，压力传感器在高温环境下基本不能正常工作或是无法持续监测罐体内部压力的变化。

压力参数在油罐火灾现场复杂环境下无法实现非接触式测量，需另一种罐体指标参数来替代压力参数判断油罐所处状态；由于在相对封闭的油罐空间内罐体内部压力增大，压力增大达到一定程度时，在罐体内部压力作用下罐体会发生变形，罐体形变量是由罐体内部压力产生，且罐体产生的形变量可以通过非接触测量获得，因此拟选择罐体形变量参数替代罐体压力数值作为判断罐体的指标参数。

根据前期的ANSYS模拟结果显示，$500m^3$ 固定顶罐体在内部超压状态下发生变形，其形变量最大的部位是罐体顶部中心位置，其模拟结果如图3-18所示。

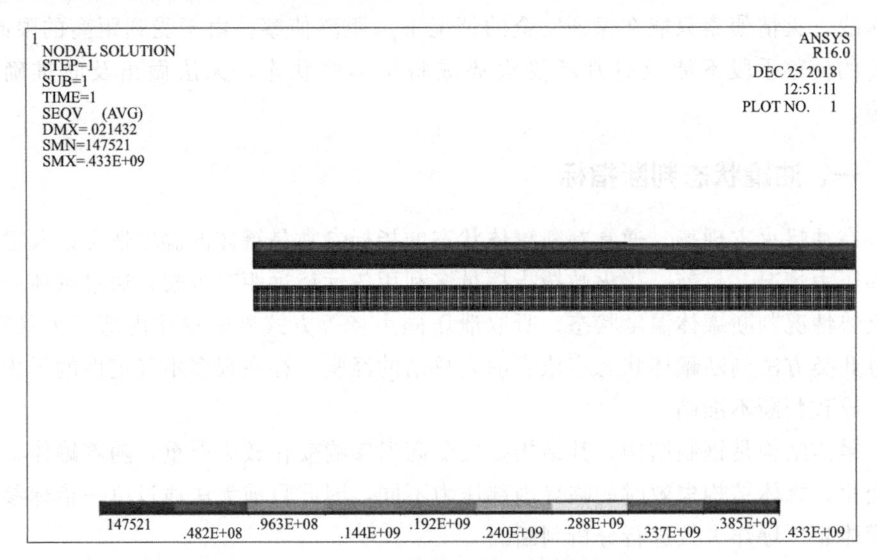

图3-18 $500m^3$ 罐体静态超压爆炸失效

可以看出，$500m^3$ 罐体在常温状态下静态超压爆炸失效临界形变量值为21.43mm，相较于实际罐体体积罐顶中心失效形变量很微小，测量难度大；同时模拟出 $1000m^3$、$3000m^3$、$5000m^3$ 三种不同容积罐体在不同温度下的超压失效临界形变量值，其结果见表 3-7 所示。

表 3-7 三种不同容积罐体不同温度下超压失效形变量值

罐体容积/m^3	罐体温度				
	20℃ 形变量/mm	150℃ 形变量/mm	300℃ 形变量/mm	450℃ 形变量/mm	600℃ 形变量/mm
1000	26	25.3	24.0	18.3	13.7
3000	31	28.9	27.0	20.0	14.9
5000	34	31.3	29.6	21.9	15.9

由表 3-7 与图 3-18 所示结果表明，在油罐火灾现场油罐发生物理性超压爆炸时，不同罐体温度的失效形变量不同，随着罐体温度的升高罐体超压失效临界形变量减小，其变化趋势与油罐超压失效临界压力相同，可确定将罐体形变量作为替代压力为判断罐体状态的指标参数。

综上所述，目前在消防救援领域暂时还没有成熟的技术产品可以实现火灾环境下油罐形变量的测量，还需根据实际需求选用合适技术手段研究、开发此类侦察装备。

本章小结

本章设计了固定顶油罐失效准则研究实验，主要进行了弱连接结构受力失效实验，确定了弱连接结构在不同温度下的水平和垂直方向的受力极限，通过有限元模拟分析，获得了不同容积固定顶油罐在不同温度下的失效极限，并将其拟合成了不同容积固定顶油罐的失效规律曲线和四次方的多项式方程，为下一步进行研究奠定了基础。

另外，通过对当前侦察技术手段局限性的分析，目前在油罐火灾现场对罐体状态的判断多依靠指挥员的直觉、经验，其判断缺乏准确性且存在较大风险，缺乏一种对罐体形变量进行实时监测的技术手段辅助判断罐体的状态，这为深入研究提供了方向。

第四章　固定顶油罐形变量测量技术

固定顶油罐，在火灾条件下，存在着较大的爆炸危险性，而罐体的形变量与固定顶油罐的爆炸存在着一定的相关性，因此探究一种行之有效的火灾条件下固定顶油罐罐体形变量测量方法具有重要的实践意义。本章通过对火灾条件下固定顶油罐罐体形变量测量难点的分析，结合光学测量和雷达测量这两种较为先进的形变量测量技术，探究火灾条件下固定顶油罐罐体形变量的测量方法，以期对油罐水平方向和竖直方向的膨胀量和位移量进行高精度测量，以此作为判断油罐有无爆炸危险的依据之一，辅助完成对油罐爆炸的预测预警。另外，通过设计模拟火场环境试验研究火灾环境对雷达形变量测量技术的影响程度，验证该技术在复杂火灾环境下的可行性。

第一节　火灾情况下油罐形变量测量方法

固定顶油罐作为最常见的储罐，在火灾条件下有着较高的爆炸危险性。因此，对于固定顶油罐在火灾条件下爆炸的预测预警就显得尤为重要，而对于此情况下油罐罐体的形变量测量则是整个预测预警中一个极为关键的环节。目前针对建筑物形变，主要是利用高清摄像机和相应的图像处理软件，通过技术手段对其形变量进行测量。中国人民警察大学屈立军和王兴波在对底框架结构的倒塌预警中利用了高清摄像机连续自动摄像，实时传输给计算机，通过图像处理软件计算处理，得到柱体轴向形变量。当前国内外形变量测量技术主要应用于工程领域，例如，通过对桥梁形变量的监测分析判断桥梁当前安全状态。随着形变量测量技术手段的不断丰富和完善，所涉及的领域也越广泛。目前，针对固定顶油罐等化工装置的高精度形变量测量研究在国内外都没见报道。

一、火灾条件下固定顶油罐罐体形变量测量难点

1. 测量手段受限

（1）必须采用特定的非接触式测量方法

形变量的测量方法主要分为接触式测量和非接触式测量。接触式测量是指将传感器按照一定的方案设计布设在被测物体上，通过线路或无线传输设备将测量数据传输至计算机终端进行处理。但由于油罐火灾往往是突发性的，救援人员到场时火势通常已较为猛烈，而且火灾条件下罐壁的温度较高，传感器极易失效甚

至损坏。非接触式的测量根据测量波段的不同又分为微波测量（$\lambda=3\sim30$mm）、光波测量（$\lambda=0.5\sim1\mu$m）和超声波测量（$\lambda=0.1\sim1$mm）三种测量技术，而其中多数的光波测量技术需提前在被测物体上粘贴标志点，而救援现场显然是不具备这样的条件的。因此，必须采取特定的非接触式测量方法才能满足需求。

（2）测量距离较远

石油化工制品大多具有较高的燃烧热，在油罐火灾发生的过程中，更多的热量是以热辐射的形式进行传播的，在这种情况下，人员在做好防护的前提下靠近现场也只能维持很短的时间，而对于内部结构精密的测量仪器，高温环境既难以保护仪器的正常工作，也会影响测量精度。有相关研究表明 10000m^3 的固定顶油罐起火，其热辐射造成的危险范围达 200m 以上，而爆炸的危害半径则进一步扩大。基于此，对于火灾条件下固定顶油罐罐体形变量测量的测量距离至少要大于 200m，甚至是千米级，最大限度地减少热辐射和可能发生的爆炸波对仪器和操作人员造成的损伤。

2. 测量现场干扰因素多

（1）浓烟对形变量测量的影响

石油化工制品，尤其是一些大分子介质在燃烧过程中会产生大量的黑色烟气，这些烟气对可见度的影响非常大，可见光很难穿过厚厚的烟气层抵达罐体，一些光学系统无法正常工作，成像困难且图像的清晰度低，这在一定程度上加大了后期数据处理的难度，甚至降低了测量的准确性。除此之外，浓烟中的碳离子会使测量介质产生干涉或衍射现象，从而改变初始测量介质的波动性，在接收端造成较大的测量误差。

（2）热扰动对形变量测量的影响

所谓热扰动即流体物质（液体、气体）因为局部受热，形成对流等形态的现象。在火灾条件下，固定顶油罐罐壁温度迅速升高，通过热对流、热辐射的方式向空气传热，由于高度和与罐体的距离不同，油罐周围的空气受热不均，从而发生对流或空气折射率改变的现象，因此一些利用飞行时间法原理（time-of-flight，TOF）的测距仪器，由于空气折射率对波速的改变而无法得到较为精确的测量结果；同时热扰动对光学成像系统也会造成一定的误差。

3. 测量所需精度较高

（1）测量场景大

石油化工厂区集中生产和储存各类易燃易爆的危险化学品和石油产品，无论是中间原料的储存还是最终产物的储存，其储罐的容积都十分巨大，其中固定顶储罐由于结构简单、成本低廉，所以在许多领域广泛应用，比较常见的储罐容积为 1000～10000m^3。目前国内最大的固定顶储罐容积达 30000m^3，这些储罐的尺寸动辄十数米甚至数十米，使用实验室常用的形变测量装置显然达不到要求，在如此大场景下对测量精度的高要求无形中增加了火灾条件下固定顶油罐罐体形变量测量的难度。

(2) 精度要求高

在一些立式固定顶储罐的标准规范中规定了大部分型号的储罐尺寸，其中罐壁的厚度通常为5～10mm，在此基础上通过计算机模拟仿真发现火灾条件下固定顶储罐在失效前可达到的最大形变量也仅仅只是十数毫米、甚至数毫米，这就要求在对火灾条件下固定顶油罐罐体形变量测量时，测量精度至少要达到毫米级。

二、光学测量系统的应用

1. 光学相关技术概述

(1) 高清摄影测量技术

高清摄影测量技术是一种被动测量技术，这种技术既可以通过人为设置标志点来确定物体的三维信息，也可直接利用物体的图像通过辨识物体自身特征点的变化来进行测量，主要利用单反或工业级相机等装置进行高清摄像，从获取的图像信息中确定特征点或标志点的空间坐标，来获取被测物体的三维形貌或形变量。

(2) 结构光测量技术

即用特征确定的光源投射被测物体，结构光在物体表面产生调制，对记录图像经数学解调得到物体表面的三维图形。主要可分为PMP方法和FTP方法。

PMP测量方法需多幅投射后的光栅条纹图像进行对比，得到各个像素点的相位值，据此计算被测物体的高度信息。该方法在拍摄过程中对被测物体的要求较高，需要被测物体保持一定时间的相对静止，其拍摄所用时间较FTP要长，因此不适合对动态物体的三维测量。

FTP方法是通过对一幅光栅图像进行快速傅里叶变换来计算出被测物体的高度信息，在此过程中需对光栅条纹依次进行傅里叶变换、滤波、傅里叶逆变换等计算过程，其数据获取速度较快，更适合于实时动态测量。

2. 光学测量系统应用方案设计

该设计方案结合了结构光测量技术和高清摄像测量技术，将整个光学测量系统分为三个子系统及九个主要设备项，如图4-1所示。

(1) 结构光投影系统

利用结构光模拟投点器在被测区域投射光点矩阵，各光点之间距离相同，光强相同。为保证一定的测量精度，我们需设置合理的投影点密度，密度过小会降低测量精度，密度过大首先实现起来较为困难，同时也会给成像系统提高难度。该技术在汽车外壳三维测量中有所应用，一般点密度不小于1000点/m^2；在火

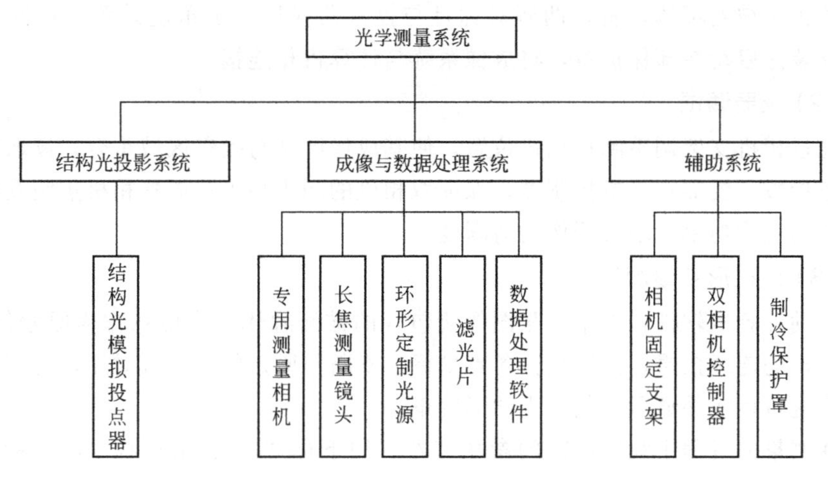

图 4-1　光学测量系统应用方案

场环境下，火焰会发出大量红光，干扰数据采集，因此我们利用投影冷光源的办法区分投影光源与现场干扰光源；现场的照明和天气是随机的，为获取更好的成像效果，我们可以将投影光源的功率设计为可调节的，在一定程度上降低数据获取的难度。

（2）成像与数据处理系统

主要包括专用测量相机、长焦测量镜头、定制环形光源、滤光片、计算机及数据处理软件。利用工业级照相机和长焦镜头合理拉开测量距离，相机的分辨率应在 2000×2000，相机的拍摄帧率至少为 10Hz，通过连续拍照，捕捉烟气流动过程中成像效果较好的图像进行分析；安装两台图像采集设备，通过双目系统提高测量精确性。安装滤波片，将现场的干扰谱段滤去，只保留模拟投点器发出的冷光源结构光；利用结构光模拟投点器照射罐体充当人工标志点，情况允许可使用环形定制光源进行补光，光源宜采用冷光源，可以有效屏蔽火点产生的红光；数据处理软件需包含图像处理、三维点坐标识别、形变量计算，模型比对及拟合功能。

（3）辅助系统

相机固定支架，保证相机拍摄过程中的稳定，支架可以调节高度，使测量系统可以对部分罐顶的形变量进行测量；利用双相机控制器，保证两台相机的同步曝光；对仪器进行制冷保护罩的设计，相机的正常工作温度不宜超过 55℃，制冷保护罩内部可安装温度传感器，当温度达到上限时开始制冷，保证测量系统始终正常工作。

3. 光学测量系统的使用方法

（1）仪器设置

在距离被测罐体 10～20m 处设置测量系统，将投射光点阵列的结构光模拟投点器正对被测罐体设置，两侧对称且与投点器保持一定角度设置专用测量相机，安装并启动冷却保护罩，将成像系统与计算机相连接。

(2) 仪器调试

通过相机支架调整测量相机位置，使其成像区域与投影区域重合，读取相机的姿态参数；校准双相机控制器，保证双相机的同步曝光；调整相机焦距及模拟投点器的工作功率，增大图像的清晰度。

(3) 进行形变量测量

启动计算机软件，将第一张图像所包含的被测罐体三维信息作为原始信息。通过相机的连续拍摄，计算获得各点坐标，不断与原始信息进行对比，对产生形变的点进行标注并显示此刻产生的形变量。

在测量的过程中我们所需的参数有左（用下标“l”表示）右（用下标“r”表示）两相机的焦距 f_l，f_r，空间点在两计算机成像的图像坐标（X_l，Y_l）与（X_r，Y_r），以及两相机的位置和姿态参数。假定左相机为绝对坐标系 $O\text{-}xyz$ 的原点，右相机以自身为原点建立的坐标系为 $O_r\text{-}xyz$，如图 4-2 所示。

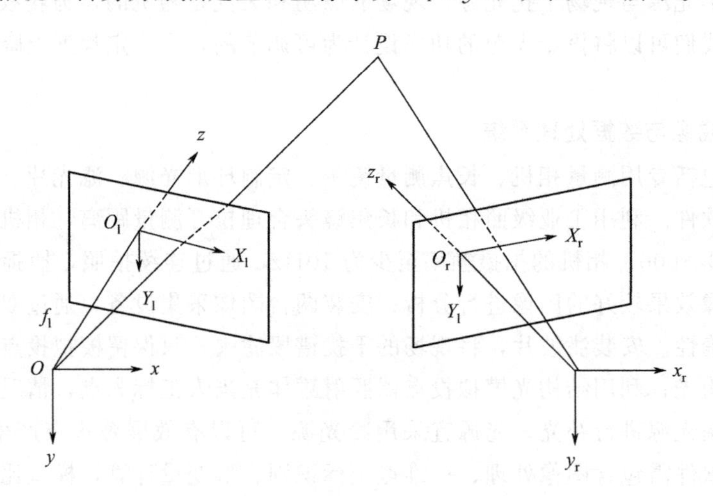

图 4-2　双相机成像中空间点的坐标关系

建立左右两个相机的坐标系后，我们就可以根据相机的透射模型由两个相机拍得的被监测点 P 的像点坐标得到被监测点 P 在绝对坐标系中的位置坐标。因此，通过极限约束条件对光点阵列中的光点进行匹配，在双相机每次曝光所成图像中获取空间点的坐标，再与原始信息进行对比，获取形变量的准确数值。

4. 光学测量系统方案的局限性

(1) 人员难以靠近测量

首先，模拟投点器的投影距离是受到限制的，虽然理论上投影距离和光源的功率成正比，但在实际使用的过程中过大的功率将极大程度地影响投影仪器的工作精度和使用寿命；其次，相机的成像距离受到限制，成像距离的增加意味着要牺牲一定的测量精度。综合以上原因，结构光投影系统与成像系统必须设置在离被测罐体较近处，距离在最理想情况下也只能达到十几米。虽然可以利用遥控装置使操作人员与被测罐体保持安全距离，但一定程度由于不能对仪器及时进行调整，限制了测量装备的使用范围，同时如此距离下冷却系统也不能够完全消除热辐射对仪器的影响，而一旦发生固定顶油罐爆炸，测量装置不可避免地会受到损坏。

（2）现场浓烟对测量结果的影响依然存在

光学系统最大的弊端就在于对于能见度较低的现场环境，它的抗干扰能力较差，虽然提高光强可以一定程度地提高投影效果，但在碳离子较为密集的浓烟中，结构光系统难以清晰投射，成像系统也难以获取精确的图像信息，现有的解决方案是：由于烟气的流动是一个动态变化的过程，通过相机的连续拍摄捕捉不受烟气影响的瞬间的图像并加以分析得到测量结果，但这也会降低整个测量系统数据获取的实时性。

（3）地面振动的影响难以消除

光学测量系统在使用过程中需要一个相对稳定的工作平面，而在固定顶油罐火灾现场，火焰的燃烧状态不是绝对稳定的、罐体及储存介质的受热不均都会产生强烈的振动，由于数据采集系统距离罐体较近，因而不可避免地会对测量结果造成影响，通过几何关系可以知道即使相机只产生一个微小的角度变化，测量结果也会成倍地放大，因此我们可以用消除突变点的方法克服这种影响，但在连续振动的情况下目前光学测量系统还没有较好的解决办法。

第二节　雷达形变量测量技术

雷达测量主要采用三种技术解决应用问题：步进频率连续波技术、合成孔径雷达技术、干涉测量技术。

一、雷达相关技术概述

1. 步进频率连续波技术

步进频率连续波技术在雷达系统中采用距离高分辨率信号具有很多优越性，步进频率信号是其中重要的一种，它又分为步进频率脉冲信号和步进频率连续波信号。其中步进频率连续波雷达很适合用于穿障，单频率步进的连续波对工作带宽的要求限制较小，用较小的瞬时带宽合成较宽的带宽，可以获得很高的距离分辨率，所以近年来受到了广泛的关注，并广泛应用于探地、微变形监测、战场监视、生命探测、车辆防撞等领域。

2. 合成孔径雷达技术

该技术也是通过测量电磁脉冲从发射至接收所用时间来计算距离，它的测量精度与脉冲宽度和脉冲持续时间有关，只有使用较低的脉宽才能得到较高的测量精度。它将二维空间分割为距离向和垂直于距离向的方位向。因此在低频工作时，雷达需要通过加大天线或孔径来获取分辨率更高的图像。但需注意的是合成孔径雷达不能分辨人眼和相机所能分辨的细节，但能穿透云和尘埃。

3. 干涉测量技术

通过所得干涉图像中条纹的宽度、数量可计算得到对程差的计量，因此在测量环境（空气折射率等）已知的前提下可利用干涉测量技术得到以光波波长为最小单位的高精度测量。

二、雷达测量系统应用方案设计

测量雷达对罐体在距离方向和方位方向进行区域划分，分割图如图 4-3 所示，在距离向采用步进频率连续波技术实现大合成带宽，提高距离向分辨率，方位向采用合成孔径雷达技术实现同一距离单元内不同方位目标的分辨，雷达通过在设定滑轨上重复扫描提高方位向分辨率，通过距离向和方位向测量单元分割，进一步采用干涉测量技术对单元像素内的物体测量其面的微小形变。

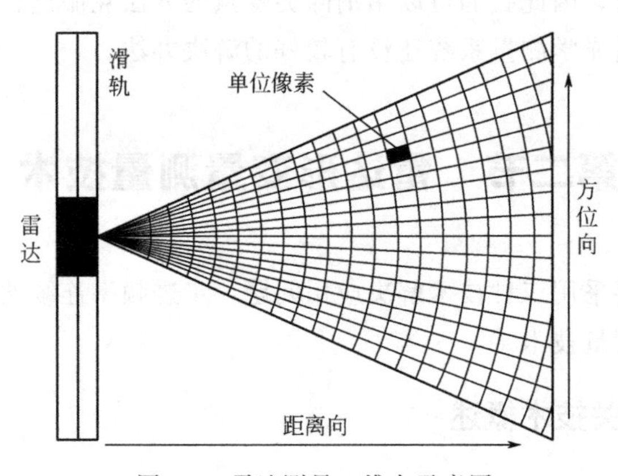

图 4-3　雷达测量二维向示意图

测量雷达的测量距离一般可达数千米甚至数十千米，因此可以很好地保护操作人员的安全，同时也使仪器免受现场热辐射的影响，但同时测量距离的增大还对测量仪器姿态的稳定性提出了更为苛刻的要求，在此前提下，可以加装雷达姿态控制平台，它会实时地、精确地记录雷达工作的姿态参数，并通过几何关系修正得到的测量结果，减少系统误差，提高测量精度，这类控制平台在军用雷达领域已较为成熟，具有良好的应用效果。

三、雷达测量系统的使用方法

1. 系统启动

将雷达测量系统设置在相对开阔地带、检查雷达发射组件前方是否有障碍，在系统设置完毕后，打开雷达电源，检查电源信号灯是否亮起，检查在发射接收组件改变方位时姿态控制平台能否正常使用。

2. 系统最佳观测状态的调整

首先选择合理的量程，在此基础上适当调节雷达反馈的亮度、增益和调谐，以获取精确的测量数据。

3. 形变量测量

通过接收端与计算机连接，通过对雷达信号的分析和组件姿态的修正，得到实时的罐体形变量。

四、雷达测量系统方案的局限性

1. 现场热烟气影响测量效果

雷达测量技术的基本原理之一就是通过雷达信号发出和接收到的时间差来计算与物体间的准确距离，但在固定顶油罐火灾现场，由于热辐射作用，罐体附近的空气温度升高，空气折射率发生变化，雷达信号波在介质中的传播速度也发生变化，这就对测量效果产生了影响；此外，还体现在介电常数对雷达的影响上。当空气中含有高介电性的粉尘粉末（石墨、铁合金等）、水蒸气的量很大时，就会对雷达造成一定程度衰减，影响测量效果。

2. 大功率雷达对人体可能造成的潜在伤害

为了进一步提高雷达的测量范围和信号波的穿障能力，就要对雷达的功率进行升高，而大功率雷达的电磁波辐射也会对人体造成潜在伤害。在雷达天线和发射机附近由于电磁场强最大，因而此处对人体所造成的伤害也可能最大。此外，由于发射机内部大功率射频放大管在正常工作时会产生 X 射线辐射，而这些辐射都可能会给操作人员造成潜在的伤害。

五、雷达技术手段在消防领域的应用

通过查阅相关文献资料得知，雷达因其探测距离远、受气候影响较小，能够克服较多复杂环境实现定位搜索功能，因此，雷达技术在航海、航空、军事领域以及消防救援等领域都有着广泛的应用。

雷达的本质是电磁波，电磁波的属性特点决定了雷达可以在较为复杂的环境下实现测量功能，雷达技术手段在消防救援中发挥了关键性作用。在 2008 年，汶川地震时，大量人员被埋压在废墟之下，常规搜救装备很难发现被困人员，而利用雷达生命探测仪可以帮助救援人员搜寻和定位被困人员的位置，极大地提高了救援人员的搜救效率。雷达生命探测仪在地震中可以克服废墟墙体从而探测到被困人员的呼吸、心跳等微弱变化指标，说明雷达技术具备克服复杂困难环境、实现微小变量监测的能力。

消防救援人员在充满烟雾的火场环境中，由于火焰、浓烟的干扰，无法准确地确定被困人员的位置，消防救援人员通过雷达侦察装置定位被困人员位置，极大地提高救援效率。雷达侦察装置中的雷达波克服火场中浓烟、热扰动、热辐射等不利环境因素，实现对人员的准确定位，说明雷达波具备一定克服火灾不利环境实现定位的能力。油罐火灾现场要实现对油罐形变量的监测，技术手段必须满足远距离、高精度且克服油罐火灾现场复杂环境的基本条件，雷达技术手段在远距离测量上已有较多的应用，同时在消防领域也有相关成熟的应用。

综上所述，初步认定雷达技术手段基本满足当前所需要求，但在油罐火灾不利环境因素的影响下，利用雷达技术手段远距离监测微小的形变，其测量结果在受火灾环境影响条件下是否可以满足毫米级测量精度，还需进一步的试验来进行验证。

第三节　火灾环境对雷达形变量测量技术影响

结合相关文献资料以及消防救援实际案例，初步确立了以毫米波雷达技术为技术基础的形变量测量方法。雷达在火灾事故现场对油罐罐体进行形变量测量时，由于测量背景复杂，特别是高温与浓烟等特殊环境，因而通过试验检测高温和浓烟对雷达微波信号的影响是十分必要的。试验按两种模拟环境设置，一种是目标附近无浓烟、无火源，一种是目标附近有浓烟、有火源。

一、火灾环境对雷达形变量测量技术试验

1. 试验目的及意义

通过查阅文献资料，实际油罐超压失效形变量较小且油罐火灾现场环境复杂，罐体周围环绕着浓烟、热气流、热辐射等极端不利环境因素，在保证人员安全的前提下实现对油罐形变量的测量，考虑油罐火灾现场实际环境影响因素，选取毫米波雷达作为油罐火灾现场形变量监测的技术基础，毫米波雷达技术初步满足“远距离、高精度测量”的基本要求。为进一步验证油罐火灾现场的不利环境因素对毫米波雷达的影响程度，通过设计模拟油火障碍试验，检验毫米波雷达技术是否可以实现毫米级精度的形变量测量。通过模拟油罐火灾现场的不利环境因素，研究火灾环境对毫米波雷达形变量监测的影响以及其影响程度是否会影响毫米级别的监测精度，检验毫米波雷达技术穿越火场不利环境实现高精度测量的效

果，为后期实现油罐爆炸预警奠定技术基础。

2. 试验平台设置

火灾环境对毫米波雷达测量微小形变量试验研究，其试验平台主要由毫米波雷达装置样机、油火障碍、被测物体三部分组成。其中毫米波雷达装置样机主要是通过收发天线发射和接收电磁波信号，通过对反射回来的电磁波信号的采集分析，实现对微小形变量的测量，如图 4-4 所示。被测目标物体是 1m×2m 的防盗门及钢板。为尽可能地模拟油罐火灾现场火焰、浓烟等不利环境，火源的设置采用柴油为主体与少量汽油混合的燃料，利用 4 个直径为 0.8m 的不锈钢盆作为油盆模拟油火火灾现场环境，试验平台场地布置如图 4-5 所示。

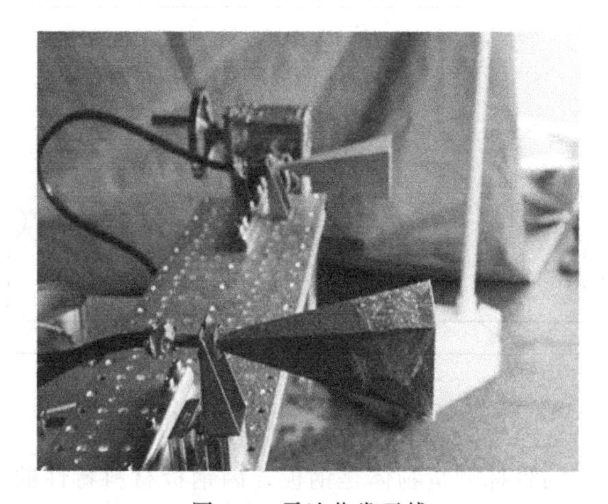

图 4-4　雷达收发天线

图 4-5　试验平台场地布置

3. 试验设计及方案

雷达工作时的回波信号通常是由于多径效应形成杂波而影响测量结果的，为尽量避免抑制杂波的影响，雷达测试环境设在开阔的场地，在目标测量范围的近距离附近避免有强反射目标。此次雷达测试设置两种不同模拟环境，一是目标附近无浓烟和无火源的正常模拟环境，另一种是目标附近有浓烟和有火源的模拟环境，其试验示意图分别如图 4-6、图 4-7 所示。

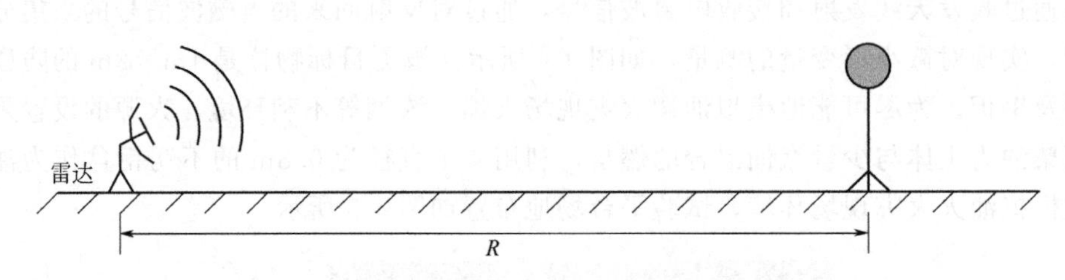

图 4-6　雷达附近无烟无火照射目标

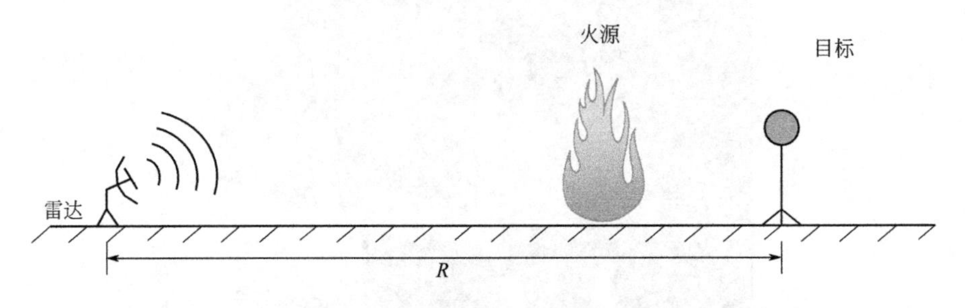

图 4-7　雷达附近有烟有火照射目标

试验 1、试验 2 的目标测量物体是钢板，因钢板材料特性的原因，在试验时受热辐射影响过程中基本不产生变形，形变量很微小几乎可以忽略不计。

试验 1 在雷达装置与被测物钢板之间不设置烟火阻碍，主要目的是检验雷达装置精度测距的能力，检验其是否可以达到所需的毫米级别的精度，同时为试验 2 的展开作对照组试验。

试验 2 在试验 1 的基础上设置了烟火障碍，主要目的是检验雷达波穿越油火制造的烟气和火焰后，对雷达精密测距的影响，试验结果和试验 1 互为对照组试验。

试验 3 的目标测量物体是防盗门，由于防盗门不是实心结构，而是由两块铁皮夹着填充材料构成的，受热时由于热胀冷缩的原理防盗门的表面会产生微小形变量，在防盗门后方设置油火对防盗门进行热辐射加热，使其受热产生形变，试验 3 主要目的是检验雷达装置对微小形变量的动态监测能力。

二、试验过程及结果分析

1. 试验过程

(1) 试验 1

无烟无火正常试验环境下，测试目标物体为钢板，雷达装置系统初始化完成后移动天线位置一次，测量与目标物体钢板的距离与相位，数据采集时间为4min，试验1测试方案如图4-8所示，通过试验1测量目标与雷达的距离变化，检验雷达测量距离细微变化的能力。

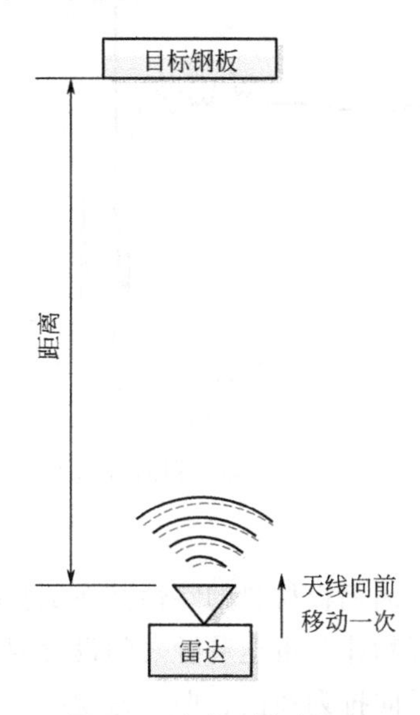

图4-8　试验1测试方案

距离测量的结果如图4-9所示，目标钢板与雷达测试装置的距离始终保持在25.86m，由测量结果显示可知，雷达装置测量精度达到毫米级别。

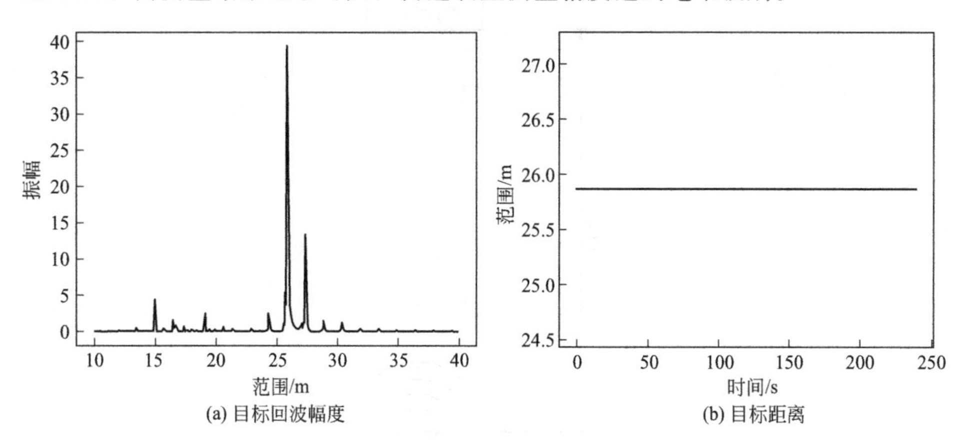

图4-9　距离测量的结果

将雷达装置的天线向前移动一段距离，改变雷达装置与目标钢板的距离进行测试，通过测量目标物体的相位，雷达装置与目标物体的细微距离变化如图4-10所示。

由图4-10所示结果说明，雷达装置与测量目标物体钢板在2分20秒时距离变小1.4mm；通过上述试验1分析结果说明，在正常试验环境下雷达装置可以捕捉到毫米级别的距离变化。

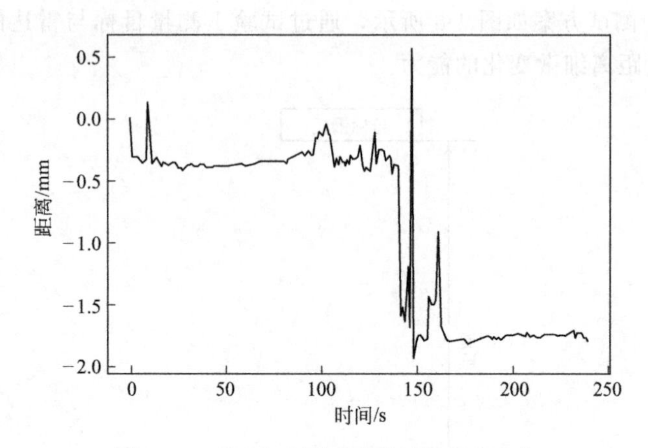

图 4-10 通过相位测量到的目标距离变化

(2) 试验 2

测试目标物体为钢板，因钢板材料的特性其在试验时受热辐射影响基本不产生变形，试验过程中在目标物体与雷达装置之间设置四个油盆，为增大其烟气及火焰厚度，采取两个火盆纵向排列在前、两火盆横向并排在后的排列方式，试验 2 设计如图 4-11 所示，通过试验 2 检验油火产生的烟火对雷达装置精密测距的影响程度。

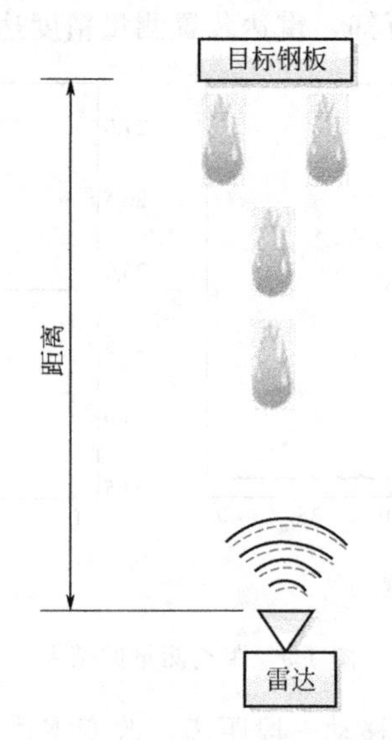

图 4-11 试验 2 测试方案

3 分 20 秒时试验人员点燃火盆使其产生烟火障碍，此时有其他人员误穿越了试验场地，挡在了目标钢板与雷达装置中间，测量距离发生变化，其余时间距离目标钢板始终保持在 25.86m，试验 2 结果如图 4-12 所示。

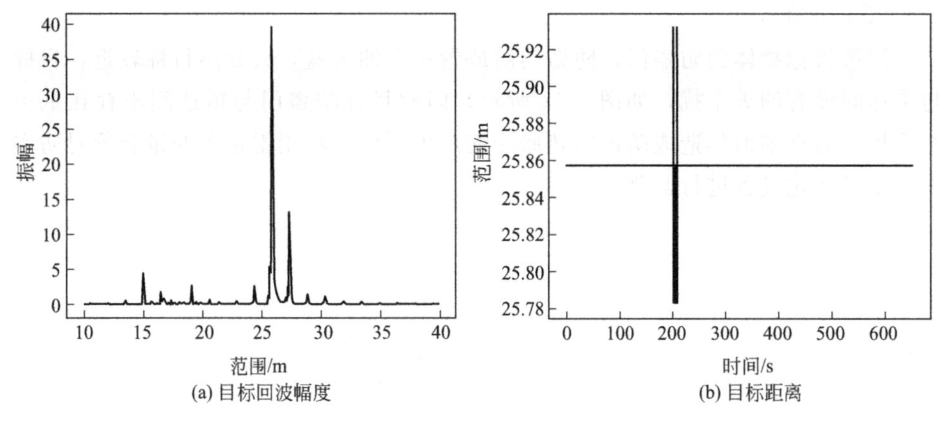

图 4-12　试验 2 结果

通过测量目标钢板的相位、雷达装置与目标钢板的细微距离变化，其试验 2 分析结果如图 4-13 所示。

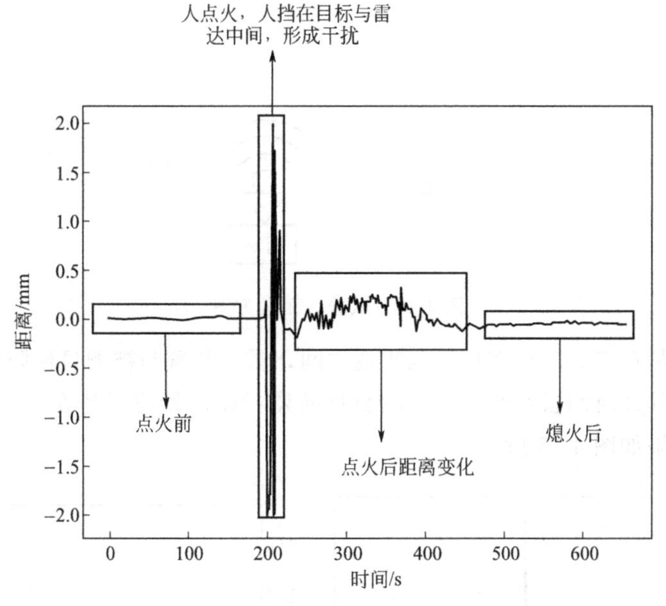

图 4-13　通过相位测量到的目标距离变化

由图 4-13 所示分析可知，点火后目标距离变化的范围为－0.22～0.23mm，该场景下烟火的厚度较大，目标钢板形变量可以忽略，通过分析影响雷达电磁波传播因素可得知，该距离变化主要是因为烟火产生的水蒸气对电磁波传输路径的影响。在熄火后，目标距离回到点火前的状态。

此次试验 2 通过与试验 1 对比可得知，油火干扰环境的存在对雷达测量存有一定程度的影响，其影响程度在±0.23mm 之内，由于其影响程度并未达到 1mm，因此对毫米级别测量并无较大影响。

（3）试验 3

测量目标物体为防盗门，防盗门后放置一个油火盆，火盆离目标较近，目标与雷达间没有油火干扰，如图 4-14 所示，因此目标防盗门与雷达间不存在烟火的干扰。油火辐射热造成防盗门热胀冷缩产生形变，利用雷达形变量装置对防盗门形变量变化过程进行监测。

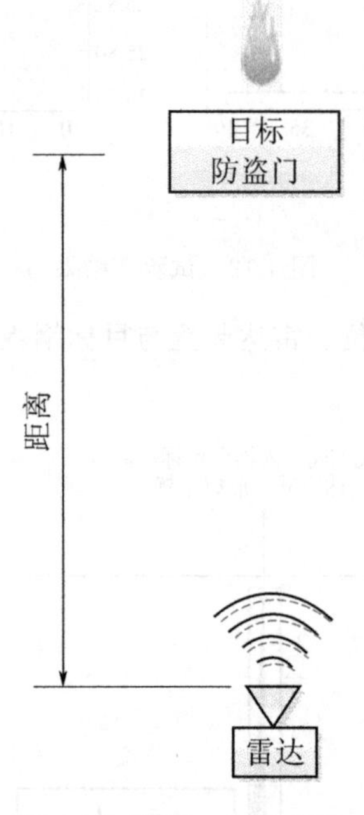

图 4-14　试验 3 测试方案

试验人员在点火时挡在目标与雷达中间，雷达装置与被测目标防盗门的距离发生变化，其余时间雷达装置与被测目标防盗门距离始终保持在 25.93m，其试验 3 分析结果如图 4-15 所示。

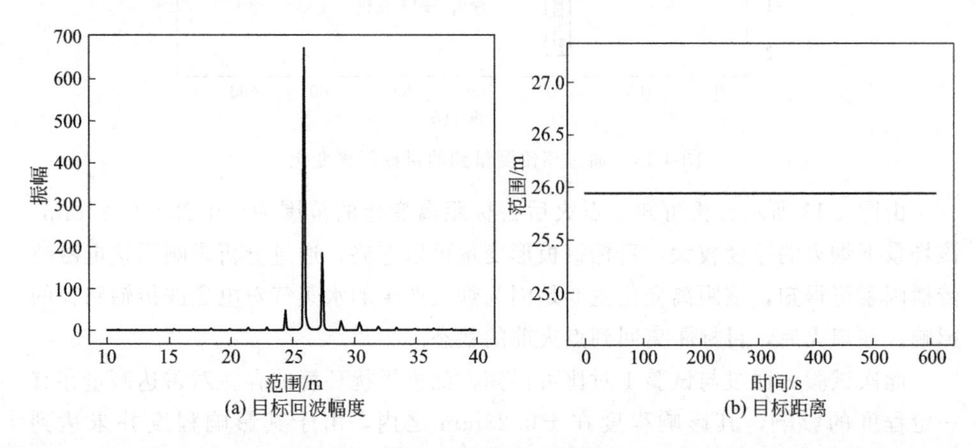

图 4-15　试验 3 结果

通过测量目标的相位，监测雷达装置与被测目标防盗门的细微距离变化，下图 4-16 为监测到的距离变化。可以看出，点火后目标距离由初始值 0 逐渐上升到 1mm 左右，此时防盗门受热膨胀形变量逐步增大，当油火逐渐减弱，防盗门形变量随着温度的降低逐渐恢复到初始状态。由于目标防盗门与雷达装置之间没有烟火的干扰，可以判定距离变化是由于目标防盗门热胀冷缩而产生的形变。

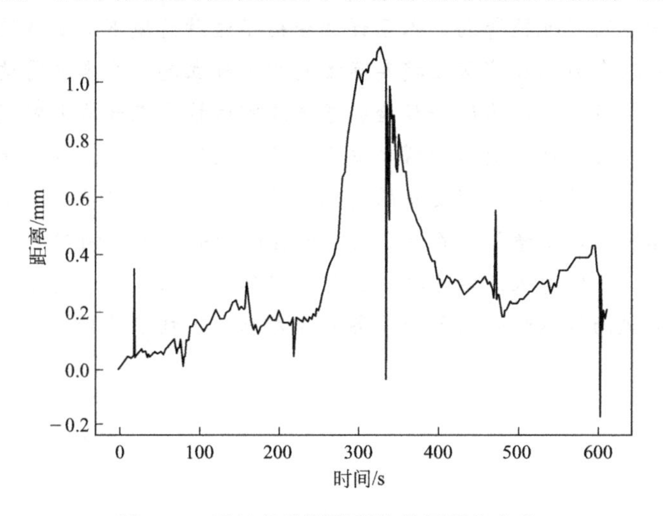

图 4-16 通过相位测量到的目标距离变化

通过比对试验 3 与试验 1 的试验结果可知，雷达装置监测到防盗门受油火热辐射影响逐渐产生形变量的变化过程，与试验 1 过程中移动天线测量距离不同，说明了雷达装置可以对形变量动态发生过程进行监测。

2. 试验结论

在模拟油火火灾造成的不利环境因素下，对雷达装置精密测距技术应用效果进行了试验研究，对雷达装置的试验测量精度、火灾不利因素对雷达测量精度的影响程度、雷达对形变量发生过程的测量进行了试验数据采集并进行数据分析，得出以下结论：

① 在试验过程中，雷达装置在正常环境及火灾环境不利因素影响下，对于目标物体的测量均可达到毫米级别测量精度。

② 模拟油火火灾造成的不利环境因素对雷达形变量测量的影响程度范围在 ±0.23mm，影响程度远未达到 1mm，因此对毫米级别测量并无较大影响。

③ 雷达装置可对油火火灾环境下受火势威胁的目标物体形变量变化过程进行动态监测，直观反映物体形变的过程。

以上试验结果显示雷达技术可以在火灾环境造成的不利环境因素下对目标物体的形变量进行监测，其监测精度仍可达到毫米级别，为后期实现油罐爆炸预测预警装置的研发奠定技术基础，同时也提供了一种全新的油罐火灾技术侦察手段。

本章小结

针对火灾条件下固定顶油罐罐体形变量的测量，存在着较多的技术难点，目前国内外的相关研究也较薄弱，本章详细分析了这种情境下形变量测量难点。通过查阅相关文献资料以及消防救援实际案例初步确立起以毫米波雷达技术为技术基础的形变量测量方法，为进一步检验毫米波雷达技术在油罐火灾现场的形变量测量能力，通过设计试验模拟油罐火灾现场的不利环境因素，利用毫米波雷达装置穿越复杂环境去监测微小形变量的变化。最终试验结果显示：毫米波雷达装置在穿越不利环境时，测量结果存在±0.23mm的影响，不影响对微小形变量的毫米级精度测量，确定毫米波雷达技术作为火灾环境下形变量测量手段的技术可行性，为后期实现油罐爆炸预测预警装备的开发奠定了技术基础。

第五章　固定顶油罐爆炸预测预警装备研发及测试

选取适用的技术手段是研发油罐爆炸预测预警装备的关键技术基础，上一章对固定顶油罐形变量测量技术进行了介绍，并进行了雷达形变量测量技术试验，为进一步检验基于毫米波雷达技术开发的形变量测量装置对固定顶油罐形变量的高精度监测以及克服火灾不利环境的监测能力，本章通过试验方式模拟了油罐在正常环境条件及火灾环境下内部超压状态的形变过程。

第一节　固定顶油罐爆炸预测预警装备

固定顶油罐爆炸预测预警装备主要包含的仪器设备有 ZPSY-200 加压平台、激光位移测距系统、数据采集和存储系统、高清相机、压力传感器、雷达形变量测量装置等设备。试验平台中的试验装置以及所使用的仪器、设备的相关技术参数如表 5-1 所示。

表 5-1　试验装置及主要技术参数

试验装置	主要功能及技术参数说明
ZPSY-200 加压平台	利用高压泵对罐体加压，加压范围 0～10MPa
IL-300 激光位移测距系统	测量罐体顶部形变量，精度 0.1mm，测量范围 190～450mm
数据采集和存储系统	记录罐体爆炸失效过程，记录罐体变形过程，每秒最多拍摄照片数 1000 张，可调节记录罐体变形过程，利用照片分析罐体顶部形变量
高清相机	佳能 5D mark 3 配长焦镜头
压力传感器	记录罐体内部压力变化数据，测量范围 0～10MPa
雷达形变量测量装置	测量罐体顶部形变量，测量精度 0.01mm

ZPSY-200 加压平台主要由往复式高压泵、压力传感器以及无纸记录仪等部件组成，压力传感器安装在罐体平台底部，通过有线方式将压力数据传输到压力数据收集平台，加压平台控制高压泵对试验罐体进行加压并实时记录罐体内部变化的压力数据，其组成如图 5-1 所示。

数据采集和存储系统由便携式笔记本电脑、相机镜头、机身、三脚架、网络连接线、控制开关连接总成等部件组成，其组成如图 5-2 所示，其主要分为数据采集单元［图 5-2(a)］和数据存储单元［图 5-2(b)］。

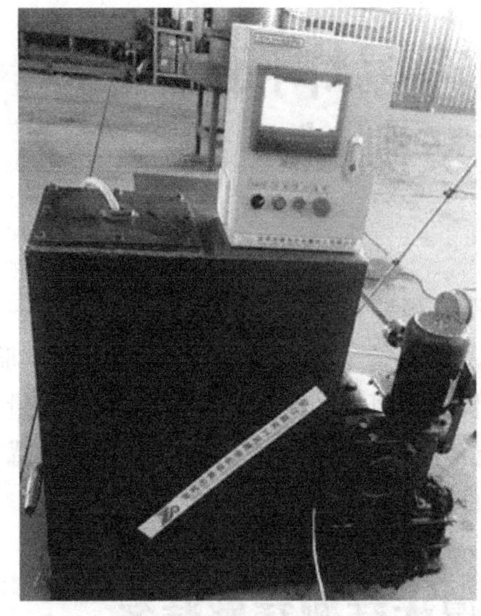

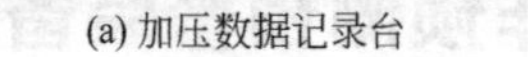

(a) 加压数据记录台

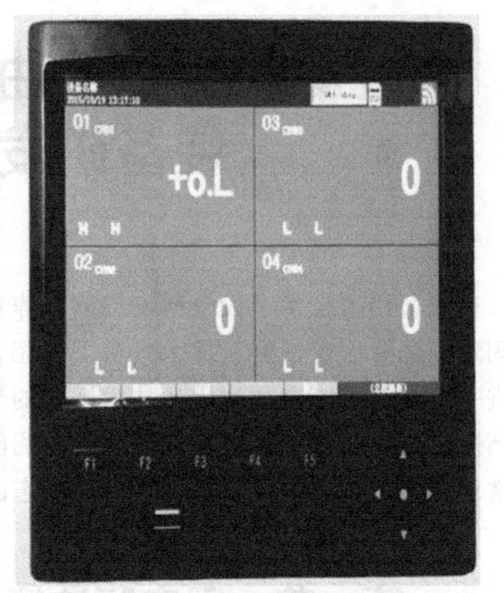

(b) 压力数据显示面板

图 5-1　ZPSY-200 加压平台

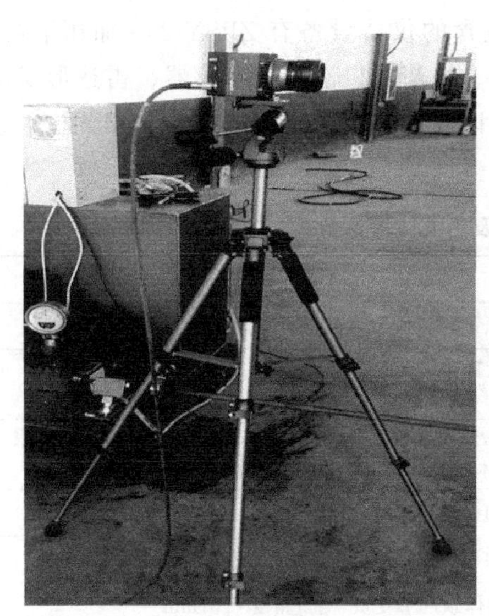

(a) 数据采集单元

(b) 数据存储单元

图 5-2　数据采集和存储系统

雷达形变量测量系统主要由便携式雷达主机、配套笔记本电脑、安装固定支架、标定设备、便携式手提箱以及配套形变量分析处理软件等部分组成，该系统的便携式雷达主机测试安装方式如图 5-3 所示。测试用形变量数据采集软件界面如图 5-4 所示。

通过雷达技术手段实现对试验罐体顶部形变量的实时监测，雷达形变量测量装置的主要技术参数为：形变量测量精度 0.01mm、测量距离范围为 5～500m、角度分辨率为 4.5mrad、系统距离向分辨率 0.5m 以及数据更新率每秒不低于 4000 次。

图 5-3　便携式雷达主机

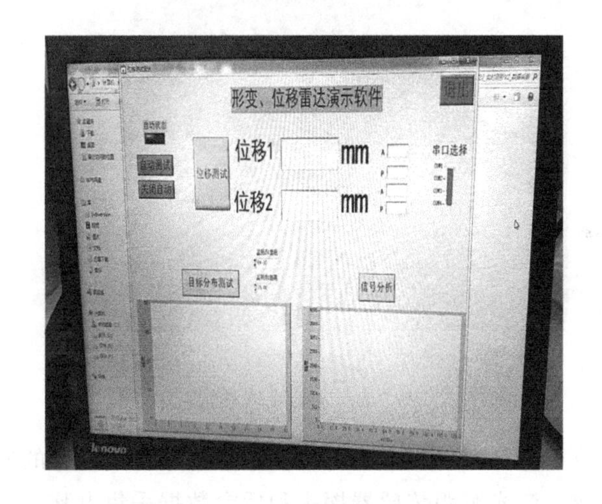

图 5-4　数据采集软件界面

雷达形变量测量装置测量主要利用雷达的距离向测距和相位干涉技术，通过毫米波对试验罐体顶部进行网格化划分，由前文所述内容可知，罐体形变量最大处位于罐体顶部中心处，因此罐体顶部电磁波回波强度最强区域为罐顶中心位置。通过雷达形变量测量装置实时测量与罐体中心的距离变化，结合雷达装置与罐体顶部中心位置的角度变化，利用特定算法计算得出罐体形变量大小，实时输出罐体顶部中心位置的形变量大小。

在现实情况下，油罐发生超压变形属于不可控情况，现场测量真实固定顶油罐的形变量存在一定难度，因此可对小尺寸罐体进行形变量测试试验。

试验研究对象是按照油罐设计规范进行等比例缩小的试验罐体，其结构主要由两部分组成，一是可重复更换的试验罐体罐顶构件，试验罐体容积约 $0.2m^3$，罐体直径为 600mm，罐体壁厚为 3mm。二是连接可拆卸罐体顶部构件的底座结构，通过焊接的方式将底座结构与罐体罐顶构件两者相连接，其底壁连接处焊缝厚度大于顶壁连接处的弱连接结构焊缝，以保证罐体在内部超压状态下，结构失效位置在顶壁连接处的弱连接结构处，被测试验罐体组成结构如图 5-5 所示。

图 5-5 试验罐体结构

高精度激光位移测量装置用于实时测量罐体顶部中心位置的形变量大小，其主要由两部分组成：激光测距传感器探头和后台数据采集电脑，其采集数据的频率为每秒两组数据。由于其测量精度高、测量范围有限（激光位移传感器的测量范围在 300～430mm，激光波长为 655nm），为保证数据采集的准确性，采用“拱门型”安装方式，利用支架将位移传感器固定在罐体底座的平台上，保证其试验过程中数据的平稳采集，试验过程中激光位移传感器不发生晃动，其具体安装方式如图 5-6 所示。

激光位移传感器测量罐体顶部形变量应用了三角测量的测定原理，其测量原理如图 5-7 所示。可以看出，当目标物体的位置发生变动时，COMS 上的入射光位置会移动。可以通过检测入射光位置，来测定目标物体的形变量。

(a)“拱门型”支架结构

(b) 激光位移传感器

图 5-6　激光测距安装方式

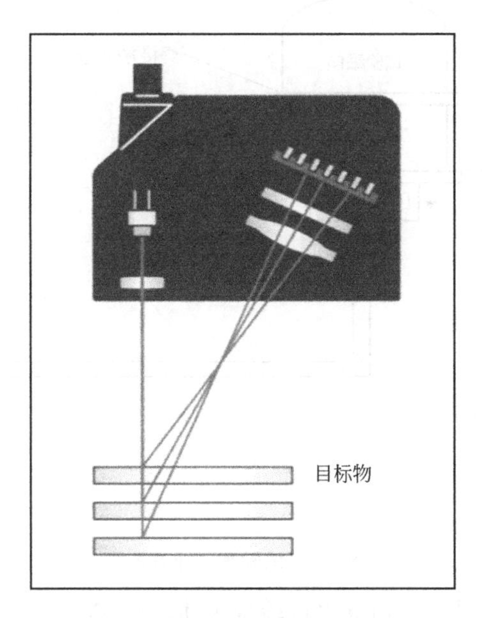

图 5-7　激光形变量测量示意图

第二节　水罐爆炸试验方案

基于大型固定顶油罐的结构形式及爆炸作用特点，制作相应的等比例缩小缩尺模型，进行爆炸冲击试验研究，从试验的安全角度考虑，将试验罐体内部介质由油换成水。

一、试验平台设置

本系统即为一个试验平台，利用高压泵对罐体内部进行加压，使试验罐体产生形变，通过激光位移传感器、压力传感器，采集罐体顶部形变量及罐体内部压力数据，同时利用雷达形变量监测装置、高速摄像机、高清相机对罐体形变过程进行监测。研究不同压力下罐体形变量的变化，以及检验雷达形变量监测设备远距离监测罐体形变量的可行性，为大型钢制固定顶油罐爆炸预警研究奠定基础。

试验罐体超压爆炸失效需要高压环境，罐体内部压力以及罐体顶部形变量数据需要实时监测，同时检验在油火环境干扰下远距离雷达形变量监测装置的准确性及抗干扰性，为满足相关试验要求设计水罐爆炸试验平台，试验装置基本结构如图 5-8 所示。

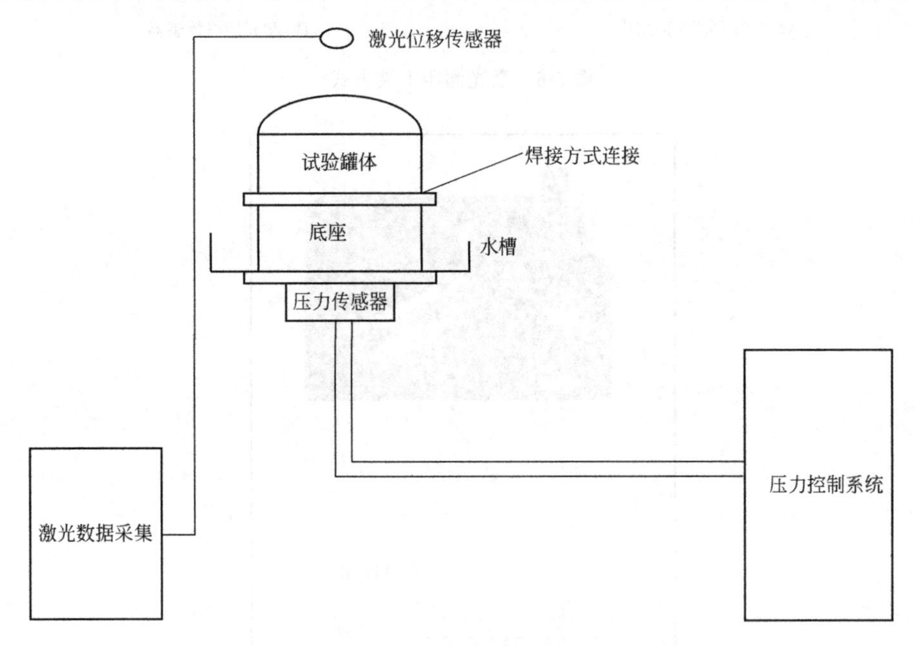

图 5-8 试验装置原理图

水罐试验平台系统主要由储水试验罐主体、ZPSY-200 加压平台（包含泵站加压装置、压力检测装置）、高速摄像机、高清相机、数据采集和控制装置等部分组成，通过高压泵对目标罐体进行灌水加压，监测加压过程并进行数据采集处理，采集数据包括实时压力数据、罐体顶部形变量变化数据，以及罐体超压爆炸试验过程中的高速摄像机、高清相机的照片数据。

其中试验罐体是按照实际固定顶罐体进行等比例缩小的，罐体顶壁连接处采用弱焊结构，罐体的底壁连接处通过焊接方式焊牢固（底壁焊缝厚度大于顶壁连接处焊缝厚度），以保证罐体在超压状态下优于顶壁连接处失效。

试验罐体在超压状态下产生形变，利用压力传感器记录罐体内部的压力变化，利用激光位移传感器、高速摄像机、高清相机、雷达形变量测量样机等多种测量方式对罐体顶部最大形变量进行监测并记录数据，同时对比分析数据检验雷达形变量测量样机的可行性。

二、试验方案

1. 试验目的

为验证基于毫米波雷达技术的形变量监测装置对油罐形变量高精度实时监测的能力以及克服火灾不利环境的能力，通过试验方式模拟油罐在正常环境条件及火灾环境下内部超压状态的形变过程，采用雷达形变量监测技术、高精度激光位移测量装置以及高清相机分析比对法三种不同形变量监测手段，对油罐形变过程进行实时监测。通过对比三种测量方式的形变量监测结果，检验雷达形变量测量装置对油罐形变量实时测量的精度以及克服火灾不利环境影响因素的监测能力。

2. 试验准备

雷达形变量测量装置、高清相机、激光位移测距装置、角反射器（用于增强罐体顶部雷达波的反射）、量程 5m 卷尺一个、透明胶布一卷、四块标定小铁皮贴片（辅助拍照后分析径向以及横向位移，四个贴片位置分别在罐体顶部、两侧以及法兰处）、安装雷达设备的支架、“龙门型”红外探头支架，其安装激光位移传感器的探头距离罐体顶部 400mm，以保证角反射器的顺利安装。

相机拍摄罐体照片时，由于罐壁以及罐顶弧形物体边缘部分拍摄时聚焦不清晰，无法通过模糊照片准确分析出罐体形变量变化大小。为解决弧形边缘拍摄问题，定制四块特殊贴片粘贴在特定位置，将曲面的形变量转化成平面物体的形变量，便于光学相机的测量分析，贴片粘贴位置如图 5-9 所示，四个贴片处于同一剖面位置。

3. 试验方法

试验通过对比分析法，将雷达形变量测量装置对试验罐体形变量测量结果与高清相机拍照分析结果、罐体顶部架设的激光测距分析结果进行比对分析，检验雷达形变量测量装置测量罐体形变量的精度以及克服火灾不利环境影响监测形变量的能力。

4. 试验场景设置

试验场景设置基本原则是在保证能够准确测量到所需数据的前提下，三种形变量测量装置之间的位置设置不会相互影响，导致试验数据采集受到影响。

由于高清相机需要固定在一个地方对试验罐体进行连续拍照，相机只能拍摄到罐体的一半，因此高速摄像机需架设在高清相机对面，互相弥补自身的拍摄盲角，保证对罐体的全范围监测。雷达形变量测量装置在保证其测量效果的前提下，为避免与相机架设位置重叠，将其设置在图 5-9 所示位置，与相机架设位置垂直；激光测距仪通过“拱门型”支架架设在罐体中心的正上方，数据后台采集装置设置在测试环境的侧后方，保证其不影响整体试验测试过程。

图 5-9 贴片粘贴位置

试验 1 正常环境下测试，在无烟无火的测试环境下设置，如图 5-10 所示。试验 2 在油火障碍的环境下试验测试，其测试环境在试验 1 的基础上，增加了油火障碍产生的火灾干扰环境，其他试验条件与试验 1 保持一致。

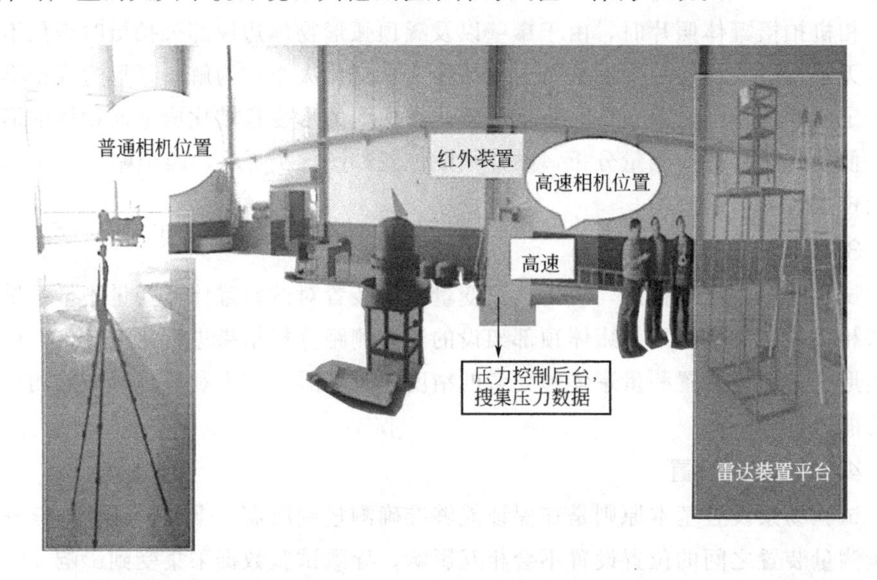

图 5-10 无火正常环境试验 1 测试

第三节　试验过程及数据分析

分别在无烟火障碍下和油火障碍下进行测量试验，通过对比分析正常条件和火灾条件下试验结果，验证基于毫米波雷达技术开发的油罐形变量测量装置能否实现在火灾环境影响下油罐形变量的毫米级监测。

一、试验具体操作流程

1. 第一步　试验前器材准备

试验开始前安装好所需要的设备及相应辅助器材设备，架设雷达形变量测量装置及将雷达装置的便携式主机安装完毕、组装高速相机系统、架设高清相机、安装激光位移测量装置，利用胶带按要求粘贴好四个辅助试验用贴片。

调试高速相机系统，确定好高速相机距离试验罐体的距离（以防试验罐体超压爆炸水溅射到高速相机上，造成设备的损伤）、调节好相机焦距并根据现场试验环境的进光量设置好每秒拍摄照片张数，保证每张照片能够完整捕捉整个罐体部分；同理，高清相机确定好距离、调节好焦距、设置好拍摄时间间隔（拍摄频率1张/s），保存好试验罐体从加压初始阶段至罐体爆炸失效的完整过程照片；提前测试激光位移测量装置采集数据是否正常连续，保证激光位移测量装置数据采集的连续性和准确性。

将雷达形变量测量装置固定在支架上，测量并记录基础参数，高速相机、高清相机距离油罐中线点的水平距离、相机架设的垂直高度、雷达竖直高度，计算倾斜角度等，后期作为参考。

2. 第二步　正常环境条件下试验1

试验前准备工作就绪后，开始具体的试验操作，试验1是在无烟火障碍的正常环境下进行，在无烟火条件下进行罐体加压形变量测试试验，记录罐体从初始阶段加压直至罐体爆炸过程的全部数据，其中试验1雷达形变量测量装置架设示意图如图5-11所示。

试验1加压过程由初始压力为0开始以每0.5MPa为一个阶段进行加压，每一个加压暂停阶段，高清相机采集照片数据，并做好照片间隔记录，激光位移装置继续持续记录数据，由于高速相机拍摄时间有限，需要对高速相机采集到的每一阶段数据进行分阶段存储，以保证整段罐体加压过程记录完整；雷达形变量测量装置不间断采集数据，要记录油罐从初始状态至超压爆炸状态的全过程，若中间暂停设备，需重新归零记录，所记录的形变量大小不是罐体从初始至爆炸失效的最大形变量值，因此，必须保证其不间断监测。

试验 1 每阶段按照 0.5MPa 递增压力，按照要求存储记录数据，直到罐体超压失效发生爆炸；同时记录激光位移测量装置测量顶部形变量的数据以及光学图像分析的结果，与雷达形变量测量结果进行比对分析，判断在正常环境下该雷达形变量测量装置的形变量测量效果。

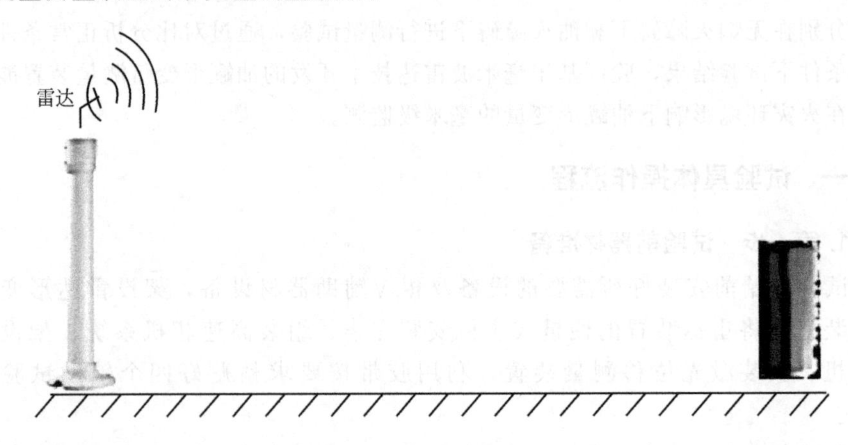

图 5-11 试验 1 雷达架设示意图

3. 第三步 火灾环境条件下试验 2

保持试验 1 的基本操作程序流程不变，在雷达形变量测量装置与试验罐体之间增设油火障碍，示意图如图 5-12 所示。重复试验 1 中的操作流程，记录并分析数据结果，得出该雷达形变量测量装置在火灾环境下测量油罐形变量效果结论。油火障碍设置主要是利用长条形油槽（其中长 1m 宽 0.15m）作为油料容器，油料采用柴油、汽油混合燃料（混合燃料产生的烟火用来干扰雷达波的传播路径），在达到试验要求的前提下，为保护环境尽量减少使用油料，利用铁支架作为底座来升高油槽的高度，使油槽产生的烟火挡住油罐顶部，既达到试验所要求的效果又节约了燃料。试验 2 现场效果如图 5-13 所示。

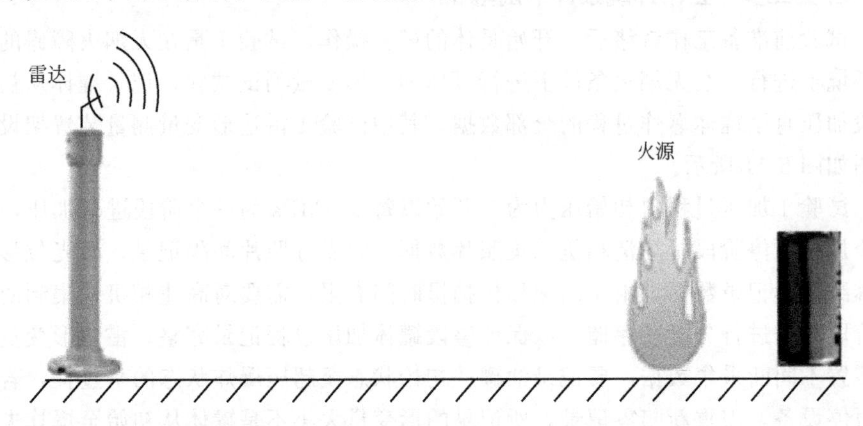

图 5-12 试验 2 雷达架设示意图

图 5-13　试验 2 点火试验现场图

二、无烟火障碍试验

正常试验环境下，雷达形变量测量装置与试验罐体之间不存在烟火障碍，雷达形变量测量装置、激光位移测量装置以及相机三者同时对试验罐体加压变形的过程进行实时监测，将三种形变量测量方法的测量结果进行对比分析，通过对比分析结果检验雷达形变量测量装置的准确性、可靠性。罐体加压从初始压力为 0 开始，每 0.5MPa 为一个阶段，分阶段记录罐体形变量状态并记录形变量数据，分别为0～0.5MPa、0.5MPa～1.0MPa、1.0MPa～1.5MPa、1.5MPa～2.0MPa 以及 2.0MPa～2.5MPa 直至罐体爆炸失效共分为五个阶段，激光位移数据、雷达形变量部分对比数据如表 5-2 所示，试验 1 完整数据见附表 A 所示。

表 5-2　试验 1 罐体形变量测试部分数据对比

压力范围/MPa	时间/s	雷达形变量/mm	激光形变量/mm
0～0.5	204	0	0.02
	207	0.17	0.25
	210	0.43	0.44
0.5～1.0	330.5	0.50	0.49
	332.5	0.80	0.78
	336	0.90	0.95
1.0～1.5	388.5	1.00	1.04
	394	2.53	3.05
	398	2.73	3.12

续表

压力范围/MPa	时间/s	雷达形变量/mm	激光形变量/mm
1.5～2.0	474	3.12	3.38
	479	5.43	5.61
	485	6.40	6.31
2.0～2.5	597.5	6.47	6.52
	600	7.23	7.72
	605	8.37	8.69

根据试验1所记录的测试数据，将雷达形变量测量装置和激光位移测量装置对罐体所测量的试验数据连成连续曲线并进行结果比对，两者比对效果如图5-14所示。

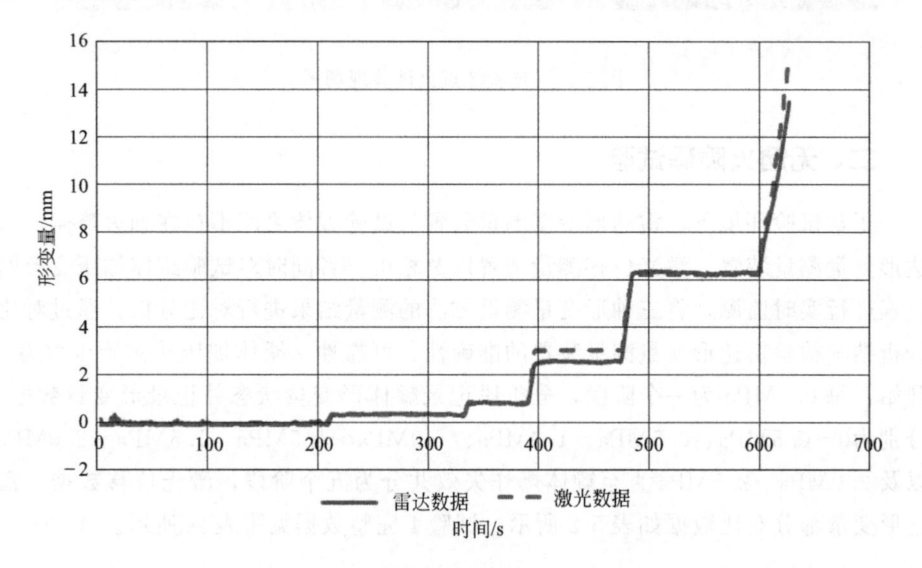

图5-14 试验1罐体形变量测量对比结果

可以看出，在正常无烟火干扰的试验环境下，考虑到试验环境并非理想化环境，在误差允许范围内，基于毫米波雷达的形变量测量技术与激光位移测距技术测量的罐体形变量的结果呈现高度一致性。

利用相机对试验罐体进行监测，试验结果通过比对照片前后之间的细微差距，计算得出最终罐体形变量，试验结果选取部分代表性照片如图5-15所示。

通过前后比对加压前罐体初始状态与罐体发生超压爆炸最终状态，计算得出罐体两个状态的像素差距，结果显示两者之间相差85个像素（依据相机的清晰度，一个像素差距0.1mm，高清相机对比分析精度为0.1mm），则表明罐体爆炸失效状态时与初始状态相比产生了8.5mm的形变量；其测量结果与雷达装置

图 5-15 相机照片比对分析

测量结果 8.37mm 相差 0.13mm，与激光测量法的 8.69mm 相差 0.19mm，对比发现结果在误差允许范围内。

综上所述，试验 1 结果显示雷达形变量测量结果与其他两种测量方式所得结果相一致，验证了装置在正常环境下测量罐体形变量的准确性。

三、油火障碍试验

试验 2 整体试验过程与试验 1 保持一致，相较于试验 1 的正常试验环境而言，试验 2 在雷达与罐体之间设置油火障碍，用于模拟油罐火灾现场不利的环境因素，干扰雷达波对油罐罐顶形变量的监测，用于检验雷达形变量测量装置是否可以在一定影响范围内穿越油火产生的不利环境影响因素，实现对油罐罐顶形变量的准确监测，试验现场如图 5-16 所示设置。

试验 2 记录了罐体从初始状态为 0 至罐体内部压力达到 2.0MPa 时的激光测距装置以及雷达形变量测量装置所测量到的形变量数据，其部分对比数据见表 5-3，试验 2 完整数据如附表 B 所示。

图 5-16 试验 2 现场图

表 5-3 试验 2 罐体形变量测试部分对比数据

压力范围/MPa	时间/s	雷达形变量/mm	激光形变量/mm
0～0.5	62	0	0.09
	63.5	0.03	0.17
	65.5	0.20	0.18
0.5～1.0	130	0.33	0.14
	132.5	0.56	0.49
	134.5	0.73	0.76
1.0～1.5	194.5	0.77	0.77
	197	1.23	1.41
	199.5	1.83	1.92
1.5～2.0	250	1.91	3.38
	265	3.57	3.60
	279	3.83	3.98

同理，根据试验 2 测试所记录的数据，将雷达形变量测量装置和激光位移测量装置对罐体所测量的试验数据连成连续曲线进行结果比对，两者比对结果如图 5-17所示。

根据比对结果可以看出：在存在烟火干扰的试验环境下，根据第三章所得结论，雷达波由于受到烟火不利环境因素的影响，雷达技术测量结果存在一定范围内的波动，其测量结果的波动范围考虑在误差可接受的范围之内，基于毫米波雷达的形变量测量技术的测量结果在激光位移测量结果中上下浮动，其变化趋势基本保持一致。

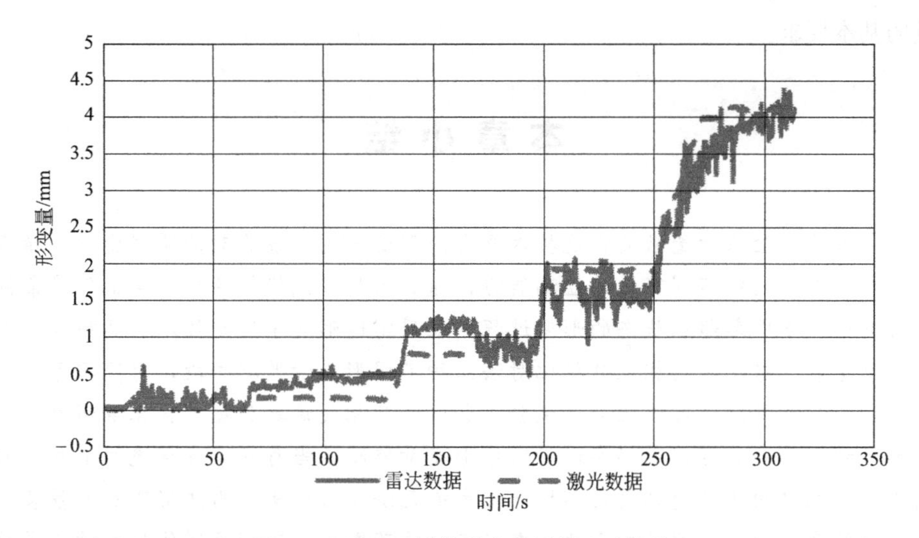

图 5-17　试验 2 罐体形变量测量比对结果

由于增设了火灾环境干扰因素，其对以光学测量为基础的相机产生了较大的影响，如图 5-18 所示。相机拍摄照片受强光影响，其清晰度已无法保证，后期无法进行对比分析，利用相机实现对比分析的方法受到火灾环境的影响而无法正常实现。

图 5-18　火灾环境干扰下相机照片

综上所述，试验 2 结果显示在火灾环境的干扰下，雷达形变量测量结果与正常环境下测量结果相比存在一定程度的波动，其影响程度对毫米级测量精度无较大影响；在一定误差允许范围内，雷达形变量测量结果与其他两种测量方式所得结果基本相一致，雷达形变量测量装置达到了在火灾环境的干扰下测量罐体形变量的基本要求。

本章小结

本章为检验基于毫米波雷达技术开发的形变量测量装置对油罐形变量高精度监测以及克服火灾不利环境的监测能力，通过试验方式模拟油罐在正常环境条件及火灾环境下内部超压状态的形变过程，采用雷达形变量监测技术、高精度激光位移测量装置以及高清相机分析比对法三种不同形变量监测手段，对油罐形变过程进行实时监测。通过对比分析试验 1 和试验 2 相关试验数据，在正常环境下雷达形变量测量装置可以准确实现对罐体形变量监测，当存在火灾环境的不利影响因素时，相机的照片受到火灾环境严重影响无法正常分析，雷达形变量测量装置的测量结果受到一定程度的干扰，在误差允许范围内，不影响罐体形变量测量的毫米级精度；因此，基于毫米波雷达技术开发的油罐形变量测量装置可以实现在火灾环境影响下油罐形变量的毫米级监测。

第六章　火灾情况下固定顶油罐爆炸预警技术应用

在油罐火灾现场火情处于动态发展阶段，罐体状态受火情影响不断变化难以判断，通过研发新型形变量测量装置实时监测罐体的形变量、温度来判断罐体当前所处状态，从而实现对火灾情况下罐体状态的动态监测并及时发出爆炸预警。本章通过对火灾情况下固定顶油罐的爆炸危害后果进行分析，划分出油罐爆炸的危害范围，为救援人员制定科学行动方案、确定撤退时机奠定理论基础，为油罐爆炸预警提供了科学判断和理论依据。

第一节　固定顶油罐爆炸危害后果分析

火灾情况下固定顶油罐发生物理性超压爆炸，对爆炸危害后果进行分析，以二次蒸气云爆炸产生的爆炸冲击波危害作用为依据划分爆炸危害范围为安全区域、重伤区域、轻伤区域以及安全区域，并确定救援人员撤离的最短时间。

一、火灾情况下固定顶油罐爆炸危害后果

在油罐火灾现场，未着火的邻近固定顶罐体受到着火罐体、流淌火等热辐射的影响，罐体内部储存的液体介质受热辐射影响，液体吸收热量由液相状态转化为气相状态。在密闭的罐体空间内，存储介质体积增大导致邻近罐体内部压力增大，当罐体内部压力增加速率大于罐体本身的泄压速率，罐体内压力逐渐累积增大，可燃气体聚集到一定程度，压力超出罐体结构所能承受的极限，此时罐体将从相对薄弱部位破裂释放压力（多从弱顶结构处破坏失效），罐体发生物理性超压爆炸。其爆炸能量通过爆炸冲击波以及被爆炸抛射出去的罐体部分碎片释放。火灾环境下，油罐发生物理性爆炸产生的冲击波及随罐体爆炸喷射漏出油料，对罐体周围的救援人员、周围的邻近罐体等将会带来严重威胁。

罐体发生物理爆炸后，罐体内部聚集的可燃气体泄漏与空气混合形成混合气体，当混合气体浓度达到爆炸下限时，遇点火源即发生可燃气体爆炸。固定顶油罐常见储存介质，例如汽油和柴油，爆炸下限分别为1.3%～6.0%和1.5%～4.5%，其爆炸下限的数值很低，而在油罐火灾现场的温度高于常温状态，高温环境对油品的爆炸极限有一定程度影响，导致其爆炸极限在油罐火灾现场相较于常温环境下更低，发生爆炸的可能性更高。混合气体爆炸后会产生爆炸冲击波、

热辐射以及罐体碎片抛射物，对周围物体造成大范围损伤。

油罐火灾现场罐体受热发生物理性超压爆炸后，一旦现场混合气体达到爆炸下限浓度，在火灾现场遇点火源随即发生可燃蒸气爆炸，第二次化学性可燃蒸气爆炸与第一次物理性爆炸的时间间隔很短。由于可燃蒸气爆炸发生在初次物理性超压爆炸之后，短时间内现场救援人员对后续爆炸的防范意识不足，且二次可燃蒸气爆炸威力远大于物理性超压爆炸，因此，可燃蒸气爆炸相较于罐体物理超压爆炸对救援人员和周边罐体设施的危害更大，其主要危害形式表现为爆炸产生的燃爆冲击波、热辐射以及爆炸被抛射出的碎片。

综上所述，通过对油罐物理性超压爆炸之后的危害后果进行分析，其爆炸产生的危害如图 6-1 所示。

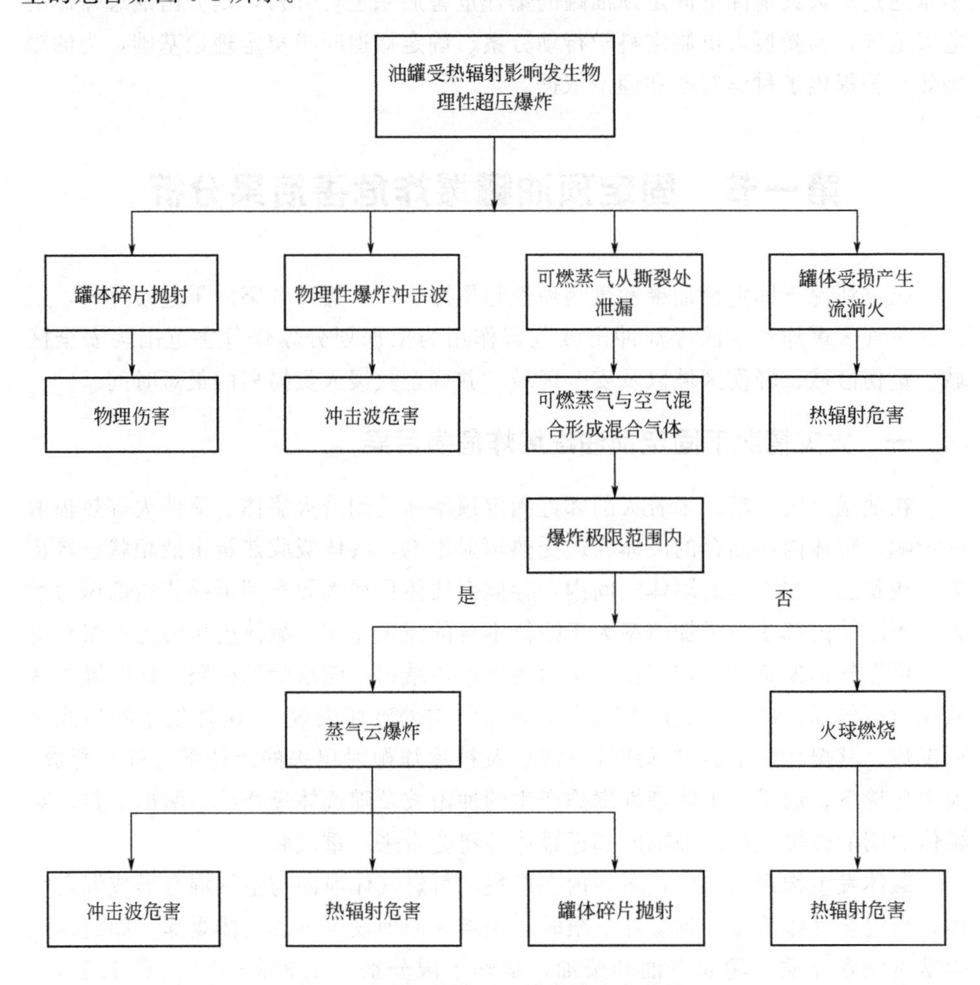

图 6-1 火灾情况下油罐爆炸危害分析

由图 6-1 火灾情况下油罐爆炸危害分析所示，油罐爆炸的主要危害形式为爆炸冲击波伤害、热辐射伤害、罐体碎片抛射伤害，其中危害范围最广、影响最大的是罐体发生物理性超压爆炸后，后续的二次蒸气云爆炸产生的冲击波伤害。

二、蒸气云爆炸危害范围

在油罐火灾现场，蒸气云爆炸冲击波对人体、建筑物以及周边油罐的伤害远大于爆炸时热辐射、破碎罐体碎片所产生的伤害。因此，依据爆炸危险化最大原则，在灭火救援现场主要以伤害程度最大的蒸气云爆炸冲击波来作为伤害评价指标，结合对冲击波伤害准则划分爆炸危害区域范围。目前常用的蒸气云爆炸冲击波计算模型主要有 TNT 当量模型和 TNO 多能模型，两种冲击波计算模型都存在自己的优势和不足，具体模型进行估算需根据爆炸的实际情况来选取。

1. 蒸气云爆炸模型

TNO 多能法基本思路是只有部分受约束的可燃蒸气是整个可燃蒸气爆炸的主要推动力，剩余不受约束的蒸气云只是普通燃烧反应，不对爆炸反应提供推动力；多能法模型以半球型蒸气云为理论模型，假设其球形中心点火，火焰的传播从中心点出发保持恒定速率，从而通过数值模拟计算不同燃烧传播速率情况下的蒸气云爆炸强度，得到可燃气体爆炸波特性曲线。TNO 多能法在理论上较为符合蒸气云爆炸，但也存在较为明显的不足之处，例如，无法准确确定受约束部分可燃蒸气的体积大小，开放环境下不受约束的部分可燃蒸气，在实际情况也参与到爆炸之中并提供部分助力，在存在多个受约束环境的情况下，产生多个爆炸源，其爆炸效果该如何去计算等问题。

与 TNO 多能模型相对的就是 TNT 当量模型，TNT 模型也存在自身的部分局限性。TNT 在军事上是一种常使用的炸药，在使用过程中积累了大量爆炸与作用目标伤害关系的具体数据，因此利用爆炸事故的威力与对应 TNT 爆炸威力进行量化对比。但 TNT 爆炸发生过程与蒸气云爆炸不同，前者爆炸反应形成的冲击波极大，传播过程中冲击波衰减较快，蒸气云爆炸本质属于爆燃和爆轰状态，因爆轰状态达成条件较为苛刻，多为爆燃状态，正压状态较少而负压时间较长，根据 TNT 当量模型的特点，其在较大的蒸气云爆炸时应用较为合适，且在模拟爆炸远距离超压时误差较小，近距离时的蒸气云爆炸超压误差较大。

基于本文的爆炸情景是物理爆炸后可燃蒸气泄漏发生的化学爆炸，其可燃蒸气爆炸规模较大，且 TNT 当量模型运用起来较为简便快捷，只需要使用爆炸反应的可燃蒸气的量与爆炸燃料的百分比即可，在油罐火灾现场可以较快进行爆炸能力的危害性估算。综上所述，拟采用 TNT 当量模型来研究油罐爆炸事故对人员的危害情况。

2. 爆炸冲击波伤害分析

TNT 当量模型是假设在泄漏的可燃气体全部参与到爆炸反应中，将其爆炸效果等效为同等的 TNT 当量，在此基础之上建立 TNT 当量模型：

$$W_{\mathrm{TNT}}=\alpha W_{\mathrm{f}}Q/Q_{\mathrm{TNT}} \tag{6-1}$$

式中，W_{TNT}为当量 TNT 质量，kg；α 为蒸气云当量系数，代表参与蒸气云实质性爆炸反应过程的一部分占泄漏燃料总量的比值（取值上一般取 0.04）；W_f 表示可燃蒸气云中可燃气体的质量，kg；Q 是泄漏可燃气体的燃烧热，J/kg；Q_{TNT}是 TNT 的爆炸热，J/kg，取值范围在 $(4.12\sim4.69)\times10^6$J/kg，为后期计算方便简化，一般取其平均值 4.5×10^6J/kg。

通过查阅爆炸冲击波对人体伤害的相关文献资料发现，不同爆炸产生的超压峰值对人体伤害程度不同，冲击波峰值超压越大对人体造成的伤害越大，其伤害程度见表 6-1 所示。

表 6-1　冲击波超压对人体的伤害程度

超压峰值/MPa	冲击波伤害程度
0.02～0.03	轻微伤害
0.03～0.05	严重伤害
0.05～0.10	内部严重损伤或死亡
＞0.10	大部分人员死亡

根据表 6-1 内容所示，可燃蒸气爆炸冲击波对人体的伤害程度可将爆炸区域划分为 4 个不同程度的危险区域，其伤害程度由重到轻排序依次为：死亡区域、重伤区域、轻伤区域以及安全区域。

(1) 死亡区域

在死亡区域范围内，人体所受到爆炸冲击波的伤害是致命的，其结果是人体内脏受到严重损伤或人员当场死亡；结合冲击波对人体伤害程度的相关数据，死亡区域危害范围半径与 TNT 爆炸当量存在式(6-2) 的关系，可以通过爆炸物的 TNT 当量质量来估算死亡区域的危害半径 R_1，其死亡区域半径求解如下式：

$$R_1=13.6(W_{TNT}/1000)^{0.37} \tag{6-2}$$

式中，R_1 为爆炸死亡区域危害半径，m；W_{TNT}为罐体参与爆炸物质的当量 TNT 质量，kg。

(2) 重伤区域

重伤区域范围是指根据 TNT 当量质量计算出的重伤区域半径 R_2 与死亡区域半径 R_1 之间区域，在此区域范围内人员若无特殊防护方式，绝大多数人员将遭受重大损伤，极少数人员可能会有死亡的风险。重伤区域半径 R_2，在此处的人员所受峰值超压为 44000Pa，爆炸重伤区域半径 R_2 求解为：

$$\begin{gathered}\Delta p_S=0.137Z^{-3}+0.119Z^{-2}+0.269Z^{-1}-0.019\\ Z=R_2/(E/p_0)^{1/3}\\ \Delta p_S=44000/p_0\\ E=1.8\alpha W_f Q\end{gathered} \tag{6-3}$$

式中，R_2 是爆炸中心点距离重伤区域危险距离半径，m；E 为爆炸释放的总能量，J；p_0 是正常大气压下的环境压力，其值一般取 101300Pa。

(3) 轻伤区域

轻伤区域范围是介于轻伤区域伤害半径 R_3 与重伤区域伤害半径 R_2 之间的区域，在该区域人员受到爆炸冲击波的影响大多遭受轻微伤害并无生命危险，极少数体质虚弱或有特殊疾病的人员可能遭受重创或死亡，遭受轻微伤害区域半径 R_3 处的冲击波峰值超压为 17000Pa，轻微伤害区域半径 R_3 求解为：

$$\Delta p_S = 0.137Z^{-3} + 0.119Z^{-2} + 0.269Z^{-1} - 0.019$$
$$Z = R_3/(E/p_0)^{1/3}$$
$$\Delta p_S = 17000/p_0 \tag{6-4}$$

(4) 安全区域

安全区域范围是指在轻伤区域伤害半径 R_3 之外的区域，在该区域绝大多数人是不会受到冲击波超压伤害，在油罐火灾现场，若存有爆炸可能性，救援人员需至少撤离到轻微伤害区域 R_3 以外的安全区域，才能保障人员不受到冲击波伤害。

3. 案例分析

某石油储罐区固定顶汽油储罐由于工人的操作失误导致起火，着火罐体为 $1000m^3$ 汽油固定顶储罐，当前处于开放式燃烧状态，着火罐下风方向的 $1000m^3$ 邻近固定顶汽油储罐受到热辐射的严重威胁，若不及时加以控制，邻近罐体随时可能发生爆炸，导致灾害范围进一步扩大。通过对案情中火灾情况进行侦察，在油罐火灾现场确定目标为受火势威胁的邻近 $1000m^3$ 固定顶汽油储罐，汽油的燃烧热为 43070kJ/kg，密度为 0.7～0.78g/cm³（一般计算取平均值 0.74g/cm³）；假定目标罐体受火势威胁发生物理性爆炸后，随后发生二次可燃蒸气爆炸，其爆炸伤害后果按照最恶劣的极端情况进行估算，假设罐体内储存的全部汽油参与爆炸，则 $1000m^3$ 汽油储罐最大参与爆炸的汽油质量为 7.4×10^5kg。

依据式(6-1) 计算得出二次蒸气云爆炸当量为：

$$W_{TNT} = 0.04 \times \frac{43070\times10^3}{4500\times10^3} \times 7.4\times10^5 = 2.83\times10^5(\text{kg}) \tag{6-5}$$

将计算得出的蒸气云爆炸 TNT 当量代入式(6-2)～式(6-4) 中分别求解死亡伤害区域半径、重伤区域半径、轻伤区域半径，确定其爆炸伤害区域危害范围，其计算结果见表 6-2。

表 6-2　$1000m^3$ 汽油固定顶储罐蒸气云爆炸伤害区域

死亡伤害区域半径 R_1	重伤区域半径 R_2	轻伤区域半径 R_3	安全区域
109.82m	308.12m	553.71m	＞553.71m

表 6-2 中爆炸伤害区域估算结果是建立在油罐内汽油全部参加爆炸反应的基

础之上，且爆炸冲击波传播路径上不存在阻挡物的理想情况下，估算得出的极端伤害范围。根据上述计算结果可知，1000m^3 汽油罐体发生爆炸时，救援人员撤退安全距离至少是553.71m，才能保证人员不受到爆炸冲击波的伤害。

在油罐火灾现场，不同容积、不同存储介质的罐体的爆炸伤害程度不同，安全距离也随之发生变化，撤离至安全区域所需时间也不同；在油罐灭火救援现场指挥员要针对不同容积、不同储存介质的罐体爆炸伤害范围进行快速估算，以确定该油罐火灾场景下的安全范围；根据上述蒸气云爆炸伤害范围划分计算，将爆炸伤害范围划分快速估算公式总结如下：

死亡区域半径 R_1：

$$R_1=13.6\times(0.04\rho VQ/4.5\times10^9)^{0.37} \tag{6-6}$$

重伤区域半径 R_2：

$$R_2=1.089\times\left(\frac{0.072\rho VQ}{101300}\right)^{\frac{1}{3}} \tag{6-7}$$

轻伤区域半径 R_3：

$$R_3=1.957\times\left(\frac{0.072\rho VQ}{101300}\right)^{\frac{1}{3}} \tag{6-8}$$

式中，V 是目标罐体的容积大小，m^3；Q 是目标储罐内的介质燃烧热，kJ/kg；ρ 是罐体内介质的密度，kg/m^3。根据油罐火灾现场侦察的实际情况，代入相关数值计算得到罐体爆炸的伤害范围。

综上所述，在油罐火灾现场灭火救援指挥员可第一时间根据火情侦察结果快速估算并划分油罐爆炸的死亡区域、重伤区域、轻伤区域及安全区域，提前制定撤离路线，帮助指挥员清晰地认识当前灾情状况，合理地选择并运用相应的技战术措施处置灾情，进一步提高处置灾情的安全性。

第二节　爆炸预警时间及判定方法

油罐火灾现场处于无规律的动态变化状态，罐体温度随火场环境的变化而不断变化，通过将火灾现场的不确定因素转化为定量指标参数，通过实时监测罐体形变量、温度指标参数来判断罐体当前所处状态，在此基础上实现对油罐爆炸的预警。

一、爆炸预警时间

在油罐区火灾现场，前线安全员通过对罐体状态的实时监测发出爆炸预警信号，从发出爆炸预警信号到前线救援人员撤离至无生命危险的区域所需的时间，称为油罐爆炸预警时间。爆炸预警时间主要由两部分组成，前线安全员将爆炸预警信息传达到一线灭火救援人员所需时间以及一线救援人员撤离到安全区域所需时间。

油罐爆炸对于救援人员的伤害高且爆炸伤害范围大，考虑到现场撤退的紧迫性，安全员通过发射信号弹、无线电呼叫等方式，第一时间将油罐爆炸预警信号传达到一线救援现场，通知一线救援人员及时撤退，尽可能缩短预警信息的传达时间。在救援人员接收到撤退信号时，人员撤离到安全区域所消耗的时间在爆炸预警时间中占主要方面。因此，本书中暂不考虑爆炸预警信息传递的时间，将撤离到安全区域的时间作为快速估算爆炸预警时间的主要方面。

由前文所述内容得知，受油罐爆炸冲击波的影响，救援人员至少要撤离到轻伤区域才能保证生命的基本安全，因此救援人员撤离 R_2 距离所需时间即为最小爆炸预警时间。根据应急管理部消防救援局印发的《2019 年度训练工作实施方案》，消防员负重 5km 的合格成绩为 26min，假定在撤离现场时以消防员负重 5km 合格成绩的平均速度 v_0（$v_0=3.21\text{m/s}$）作为撤离速度，计算出撤离到相对安全区域所需时间；则人员撤离到轻伤区域、安全区域至少所需时间为：

$$t_1=\frac{R_2}{v_0}$$

$$t_2=\frac{R_3}{v_0}$$

$$R_2=1.089\times\left(\frac{0.072\rho VQ}{101300}\right)^{\frac{1}{3}} \tag{6-9}$$

$$R_3=1.957\times\left(\frac{0.072\rho VQ}{101300}\right)^{\frac{1}{3}}$$

式中，t_1 为撤离至轻伤区域所需时间；t_2 为撤离至安全区域所需时间；R_2 是从油罐爆炸中心到轻伤区域边界距离；R_3 是爆炸中心距安全区域边界距离；v_0 是消防员负重 5km 的平均速度。由式(6-6) 可计算出发出油罐爆炸预警到救援人员撤离现场所需时间。1000m^3 汽油固定顶油罐爆炸所需最少撤离时间见表 6-3。

表 6-3　1000m^3 汽油固定顶油储罐爆炸撤离时间

油罐容积	撤退距离 R_2	撤至轻伤区时间 t_1	撤退距离 R_3	撤至安全区时间 t_2
1000m^3	308.12m	95.99s	553.71m	172.50s

通过表 6-3 所示计算结果可知，1000m^3 汽油固定顶油罐发生爆炸时，消防救援人员撤离至轻伤区域至少需要 95.99s，此时人员处于轻伤区域受爆炸冲击波影响受到轻微伤害；消防救援人员撤离至安全区域至少需要 172.50s，此时人员处于安全区域不受爆炸冲击波影响。

二、爆炸预警判定方法

由于无法直接获取实际罐体物理性超压爆炸时“温度-形变量”的相关数据，因此通过 ANSYS 模拟出不同容积固定顶罐体在不同温度情况下的超压失效状态，得到 $1000m^3$、$3000m^3$、$5000m^3$ 三种不同容积罐体在五种不同温度情况下的超压失效形变量，其模拟结果见表 3-7，为了更加直观地分析数据规律，将表中数据整理生成图表，如图 6-2 所示。

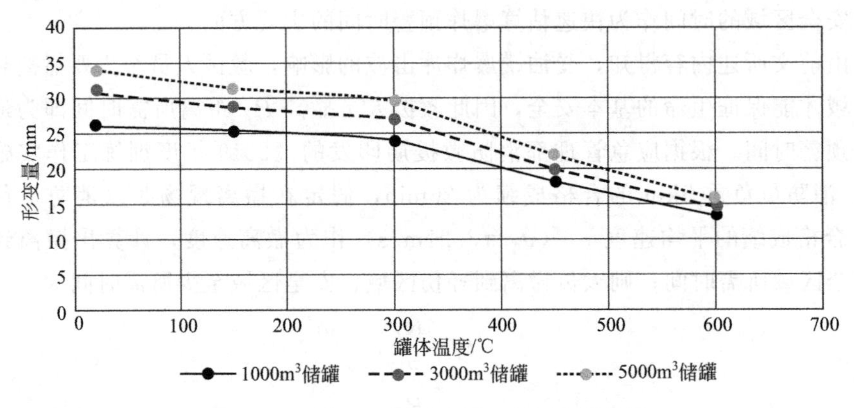

图 6-2　油罐“温度-形变量”超压失效曲线

如图 6-2 所示的 $1000m^3$、$3000m^3$、$5000m^3$ 固定顶罐体的“温度-形变量”超压失效曲线，随着罐体温度的升高，罐体的失效形变量临界值逐渐减小；罐体钢结构材料受到高温影响，改变了钢材料原有的弹性性质，罐体弹性伸缩能力降低，在相同压力作用下温度较高的罐体形变量较小，最终罐体超压失效形变量值减小。由于模拟的温度点情况有限，不能连续完整地反映出罐体在任意温度下与失效形变量之间的关系，若模拟的温度点情况足够多，即可得罐体在任意温度下的超压失效形变量值。

油罐火灾现场处于无规律的动态变化状态，例如，在流淌火、风向、冷却强度等影响下，罐体温度随火场环境的变化而不断变化；罐体温度的不断变化导致罐体的结构性质、内部压力也随着温度的变化而改变，其罐体当前温度状态下的形变量值以及失效形变量值也随之变化。罐体的物理性超压失效受到多种因素影响，当前通过计算机模拟仿真或相关的理论模型方法无法实现对油罐火灾现场的真实情况的描述，罐体的温度、形变量等指标参数处于无规律变化阶段，目前无法通过成熟的模型方法对其变化趋势进行预测，油罐火灾现场环境对罐体形变量、温度的影响如图 6-3 所示。因此，当前采用计算机模拟或相关火灾动力理论模型无法对真实油罐火灾爆炸状况进行有效的预测预警，通过对罐体相关状态指标实行动态监测预警存在较大可能性。

结合油罐火灾现场的实际情况，本文提出通过将火灾现场的不确定因素转化

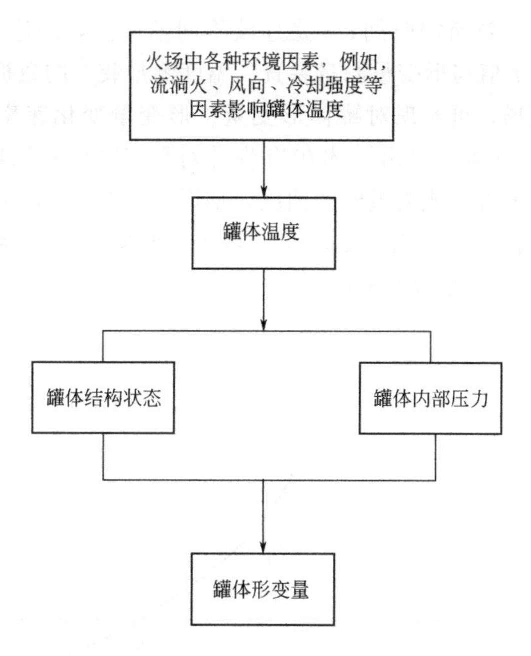

图 6-3　火场环境对罐体形变量、温度的影响

为定量指标参数，通过实时监测罐体形变量、温度指标参数来判断罐体当前所处状态，在此基础上实现对油罐爆炸的预警；在油罐火灾现场利用红外测温仪和雷达形变量测量装置对受火势威胁油罐的“温度”“形变量”进行实时监测，可得知在当前状态下的温度、形变量值同时对比该温度下罐体模拟失效形变量值，此时通过对比该温度状况下的罐体形变量与失效形变量值，可判断出该温度环境下罐体距离罐体超压形变量失效的形变量差值。

在油罐火灾现场无法实现对未发生的情况进行准确预测，只有通过罐体当前的状态去推测判断罐体之后的可能性，以此作为油罐爆炸预警的基础；通过对目标油罐的状态指标进行动态实时监测，掌握罐体当前所处的状态指标，通过对目标罐体当前状态进行分析从而对罐体之后的发展趋势进行假设预测。

假设在油罐火灾现场的任意时刻，通过装置测量得出罐体在此时的温度、形变量以及形变量变化速率，通过罐体模拟结果可得在该温度下罐体的失效形变量，假定罐体以该时刻的形变量变化速率继续发展，则距离罐体超压失效爆炸的时间为：

$$t_e(t)=\frac{\Delta X_f(t)-\Delta X_m(t)}{v_m(t)} \tag{6-10}$$

式中，$\Delta X_f(t)$ 表示在油罐火灾现场任意 t 时刻目标罐体的超压失效形变量值；$\Delta X_m(t)$ 表示在 t 时刻目标罐体当前的形变量值；$v_m(t)$ 表示在 t 时刻目标罐体的形变量变化速率；t_e (t) 为按照 t 时刻罐体当前的形变量变化发展趋势，罐体距离超压失效所需时间；t 是连续不间断的点，理论上可以无限分割，在实际使用环境中 t 值与形变量测量装置、温度测量装置的数据采集频率相关。

在油罐火灾现场，可实现对罐体形变量、形变量变化速率、温度的实时监测，通过式(6-10) 可实时得出罐体在当前时刻距离罐体超压爆炸失效的时间，随着火灾进程的发展可形成失效时间曲线，如图 6-4 所示；由前文关于爆炸预警时间的所述内容将救援人员撤离至轻伤区域所需时间 t_1、撤离至安全区域所需时间 t_2 设置为油罐爆炸预警的阈值。

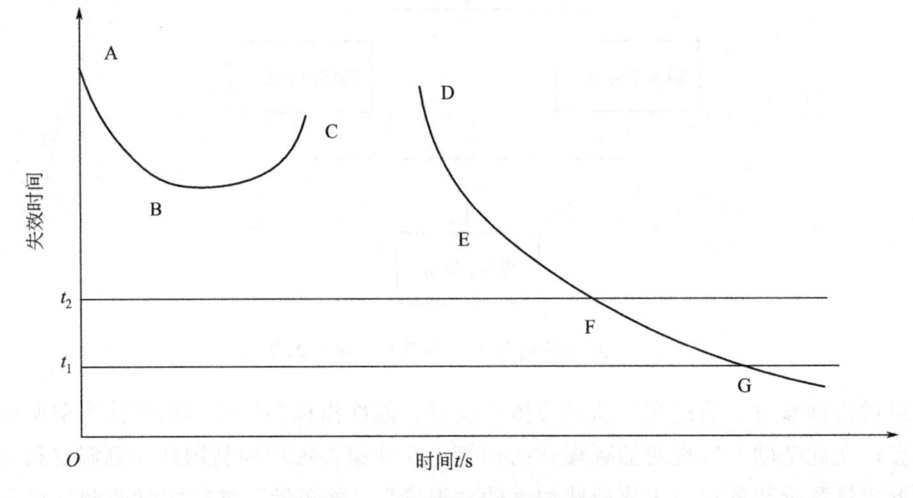

图 6-4 油罐爆炸失效预警图

如图 6-4 所示是假设模拟 $1000m^3$ 汽油固定顶储罐受到火势威胁的过程，t_1、t_2 是根据油罐火灾现场实际情况设置的油罐爆炸预警阈值；图中 A～B 阶段罐体爆炸失效时间处于下降阶段，此阶段罐体由相对安全阶段逐步向危险区域变化，说明油罐火灾现场火情进一步恶化，当前罐体冷强度不足以抵抗热辐射威胁；B～C 阶段罐体爆炸失效时间平稳一段时间后逐渐上升，此时罐体逐渐远离危险区域，说明油罐火灾现场火情减弱或加大对罐体冷却力量发挥作用；C～D 阶段罐体形变量停止增长或处于减小状态，此时罐体远离危险区域处于暂时安全状态，说明此时罐体处于暂时平稳阶段；D～E 阶段形变量失效时间快速减小，E～G 阶段失效时间降低速率减缓，但仍处于持续减小阶段，最终超出设置的爆炸预警阈值 t_1、t_2，说明此阶段火情迅猛发展，虽加强对罐体的冷却力量，但无法有效控制火情，罐体极大程度即将发生爆炸，当失效时间超出预警阈值 t_2 时下达撤退命令，人员将撤离至安全区域，不受爆炸冲击波伤害；当失效时间超出预警阈值 t_1 时下达撤退命令，人员将有受轻伤的可能性。

综上所述，在油罐火灾现场，灭火救援指挥员可根据油罐爆炸失效时间的变化趋势对罐体当前的发展趋势做出判断，当爆炸失效时间曲线处于下降趋势时应及时采取有效控制措施，例如加强油罐冷却力量等，若曲线处于上升阶段说明采取的措施有效及时地控制了罐体向危险方向发展；若曲线处于继续下降趋势，当到达爆炸预警阈值 t_2 时，指挥员可以考虑继续采取进一步控制措施或及时撤离现场，当曲线下降达到爆炸预警阈值 t_1 时，指挥员必须及时下达撤退命令，否则现场救援人员将存在生命危险。

第三节　油罐爆炸撤离方式

救援人员收到撤退命令，主要有两种撤离方式，一是救援人员立即放弃目前救援任务以最快速度按预先制定的撤离路线徒步向预定安全区域范围内撤离；二是通过乘坐现场的救援车辆向安全区域撤离。

救援人员按预先制订的撤离路线徒步向安全区域撤离，可在接收到爆炸预警信号后的第一时间做出撤离反应，及时向安全区域撤离，且在撤离过程中徒步撤离受地形环境的影响较小，相对于乘车撤退的行动更加机动灵活，但在撤离现场的速度上不如乘车快速。

在油罐火灾救援现场，首先，消防救援车辆正处于满负荷工作状态，若使用车辆撤离现场，则需要先关闭水泵、断开水带的连接以及收起高喷车的工作手臂等诸多准备工作，此种准备工作需增加额外时间，导致收到爆炸预警信号后不能第一时间撤离现场，贻误人员撤离的最佳时机，进一步威胁救援人员的生命；其次，油罐火灾现场环境复杂，车辆通行容易受到阻碍，车辆撤离路线可能受到流淌火、铺设的水带等因素的影响致使车辆无法及时撤离，不能发挥出车辆撤离的速度优势，且在混乱的救援现场极大程度可能造成撤离车辆的拥堵，导致撤离路线完全堵塞，进一步延长撤退到安全区域的时间，增加人员受伤的风险。

结合油罐火灾现场实际情况通过对以上两种撤离方式优劣特点进行综合对比分析，乘车和徒步撤退相比具有速度优势，但受限制于车辆的体型和现场环境。在油罐火灾现场复杂环境下车辆的速度优势无法正常施展，失去速度优势且受环境影响严重的车辆，在撤离过程中不如徒步撤离机动灵活。因此，在收到爆炸预警信号时优先考虑选择徒步撤离到预定安全区域。

本章小结

本章通过对火灾情况下固定顶油罐发生物理性超压爆炸危害后果进行分析，以二次蒸气云爆炸产生的爆炸冲击波伤害作用为依据划分爆炸伤害范围为死亡区域、重伤区域、轻伤区域以及安全区域，并确定救援人员撤离的最短时间；利用红外测温仪及形变量测量装置对罐体的形变量、温度状态指标进行实时监测，结合罐体超压失效模拟结果，通过对目标罐体当前状态进行分析从而对罐体之后的发展趋势进行预测，设置油罐爆炸预警阈值，结合其爆炸失效时间曲线的变化趋势辅助指挥员采取合理战术措施控制灾情，达到爆炸预警阈值时，及时下达撤离命令保护救援人员生命安全。

第七章 案例分析

案例1 福建漳州“4·6”古雷石化腾龙芳烃有限公司爆炸着火事故处置战例

2015年4月6日18时54分，漳州市古雷石化腾龙芳烃有限公司，吸附分离装置41单元加热炉东侧管廊一层21号焊口，因焊接缺陷造成断裂，泄漏大量C8＋混合芳烃组分蒸气，被加热炉高温引爆，造成吸附分离装置和中间罐区3个储罐发生火灾。火灾发生后，各级迅速启动预案，到场协同处置。经过全体救援人员56个小时奋战，4月9日凌晨2时57分油罐火被完全扑灭。4月15日，经工艺排险和残液输转处理，现场险情完全排除，灭火救援工作圆满完成。

一、基本情况

1. 腾龙芳烃（漳州）有限公司基本情况

单位概况：腾龙芳烃（漳州）有限公司位于漳州市漳浦县古雷经济开发区腾龙路1号（古雷半岛西南面），占地面积2085.6亩（1亩＝666.67m^2），距离漳浦县和漳州市区分别约38km和83km。厂区分为原料罐区和仓库，中间罐区，成品罐区，以及生产和配套设备区等部分。厂区内共有各类化学品储罐76个（内浮顶罐41个，外浮顶罐2个，固定顶罐20个，球罐13个，气柜1个），总容量70.8万立方米。在毗邻厂区码头有储量分别为30万吨的凝析油储罐区和常渣油储罐区各1个。

毗邻情况：厂区东面为翔鹭石化PTA厂区，南面海顺德厂区，西面为新杜古线，东面为腾龙路。

2. 着火设施情况

着火中间罐区位于厂区中。由607～610号罐，共4个1万立方米内浮顶罐组成。每个罐高16.58m，直径30m。其中607号、608号罐为重石脑油罐，609号、610号罐为轻重整液罐。罐区共用一个长95m，宽95m，高2.1m的防护堤。罐距离围堰10m，罐与罐间距15m。

3. 固定消防设施情况

厂区东部设有消防水池1个，共储存消防用水1.4万立方米，补水能力6000m^3/h。消防水池一侧有雨水监控池1个，储存水5000m^3。有工业用水池1

个，储存水 1.1 万立方米。

厂区内设环状消防管网，地上消防栓 291 个。泡沫站 2 座，设 96 个泡沫栓，环状泡沫管网。罐区按标准设固定雨喷淋和固定、半固定泡沫设施。

厂区外 1km 内有市政消火栓 12 个，厂区北面 3km 有古雷水厂，东面毗邻有排洪渠，北面临海，可供消防远程供水系统吸水取水。

企业设有专职消防队，配备泡沫水罐车 4 台（载泡沫 18t），16t 水罐车 1 台，干粉泡沫联用车 1 台（载 2t 泡沫，2t 干粉），专职消防员 36 人。

二、火灾特点

1. 现场处置环节危险

厂区内危险化学品包括苯、甲苯、凝析油、轻/重石脑油、轻/重重整液以及多种中间产物，其蒸气与空气混合均能形成爆炸性混合物，且吸入较高浓度均可对人生命安全构成危害。燃烧油罐区四周有 12 个危化品储罐，集高压、高温、有毒、有害、易燃、易爆等危险因素于一身。

2. 现场指挥体系复杂

4 个 1 万立方米着火罐位于厂区中间罐区，厂区生产工艺复杂，管线众多，需要大量灭火冷却保护力量，以及地方政府、有关部门、厂方人员、技术专家协同处置，涉及部门、人员多，协作难度大。

3. 工艺排险精度高

如何针对不同物料、不同工艺，采取相应措施，是此次灾害处置的一大难题。火灾扑灭后，在利用罐体自动和手动脱水器以及人孔排除残液时，仍发生闪燃闪爆十余次，处置工艺难度大。

三、扑救过程

1. 接警调度

4 月 6 日 18 时 56 分，漳州消防支队古雷大队接警后，迅速调集 10 辆消防车、60 人到场处置，并逐级报告灾情。各级迅速启动应急预案。漳州消防支队指挥中心调集 79 辆消防车、329 人到场处置，福建消防总队指挥中心一次调集厦门、龙岩、泉州、福州、莆田、三明、宁德、南平等八个地市消防支队和炼化企业消防专职队、长乐机场消防专职队 108 辆消防车、500 人赶赴现场。

调集广东消防救援总队 2 个重型化工编队和 1 个供水泵组编队 38 辆消防车、179 人，调集山东、江苏、广东、江西桶装泡沫液 1048t，抽调河北、甘肃、辽宁等地化工灾害处置专家到场指导。

福建省政府先后调集货运专机 8 架次，大型运输车 30 辆，调集全省桶装泡沫液 425t，各类灭火器材 13000 余件（套），油料 15 万升，为灭火提供保障。

2. 初战控制

4 月 6 日 19 时 03 分，辖区古雷消防大队到场侦察发现，厂区中的腾龙芳烃吸附分离装置发生爆炸，造成装置西侧中间罐区 607 号、608 号重石脑油储罐和 610 号轻重整液罐破裂发生猛烈燃烧。罐区固定消防设施受损严重，现场有多人受伤。救援人员实施人员抢救和疏散，同时组织人员关闭相关输送管道阀门，检查并开启尚未破坏的固定消防炮和自动喷淋冷却系统，防止火势蔓延。出 2 门水炮冷却 609 号罐，1 门水炮冷却 202 号罐，出 2 门水炮冷却燃烧罐区下侧风方向 101 号和 102 号罐。组织腾龙芳烃专职队出水炮冷却已发生爆炸的吸附分离装置区。

21 时 18 分，支队全勤指挥部到场成立现场指挥部。支队增援力量相继到场并投入战斗。

23 时 40 分，厂区南面的燃煤发电总降站起火，指挥部及时调派漳州支队一台干粉泡沫联用车灭火。

7 日凌晨 2 时 50 分，102 号常渣油外浮顶罐罐顶橡胶密封圈着火，漳州支队组织登罐灭火，成功将火扑灭。期间，吸附分离装置多次发生爆闪。现场力量保持安全距离实施灭火冷却，并配合厂方技术人员对周边设施开展工艺排险。

3. 灭火进攻

（1）第一次灭火进攻

7 日 9 时 30 分，全省增援力量陆续到场。现场全勤指挥部开展一次灭火进攻：加强对 609 号罐冷却保护，同时按照上风至下风方向依次逐个扑灭 607 号、608 号、610 号着火罐。

9 时 50 分，607 号罐火势被扑灭。

10 时 25 分，608 号罐被扑灭。

11 时 30 分，现场指挥部再次对力量部署进行调整，补给灭火剂，对 610 号轻重整液油罐发起进攻。期间，608 号重石脑油罐发生复燃，指挥部再次组织力量实施灭火冷却，于 13 时 30 分扑灭。

（2）第二次灭火进攻

16 时 30 分，广东总队增援力量陆续到达，在 610 号罐侧风方向设 6 门移动炮，福建总队原有力量部署不变，集中对尚未熄灭的 610 号罐发起进攻。

17 时 05 分，610 号着火罐明火完全熄灭。现场继续喷射泡沫覆盖油面，射水冷却罐壁。定期对罐体温度进行测量。

（3）复燃

19 时 40 分，610 号罐油面泡沫覆盖层被强风和雨水破坏，高温油品暴露后与空气接触发生复燃。指挥部立即组织现场力量增强冷却强度。

（4）第三次灭火进攻

23 时 19 分，泡沫液补给到位（已达 180t）。现场指挥部决定对复燃的 610

号罐发起进攻。

23 时 30 分，610 号罐火势被扑灭。随后，参战力量继续使用泡沫覆盖油面，用水冷却罐体。在这期间，608 号罐由于燃烧罐体坍塌形成灭火死角，不时有火光和黑烟冒出。

4. 控火冷却

(1) 紧急撤离

8 日 2 时 30 分，大量油品从 608 号罐破裂处泄漏，防护堤内出现大面积流淌火，引燃 607 号、608 号、610 号罐，并快速向堤外蔓延。现场救援人员迅速撤离至厂区外安全地带。

侦察组重新进行火情侦察，发现现场有 2 台消防车，数门移动炮被烧损，流淌火已对管廊和相邻罐区构成威胁。福建总队调集第二批 81 车 298 人到场增援。

(2) 重返阵地

5 时，608 号、610 号罐火势减弱，607 号罐处于猛烈燃烧中，现场已无流淌火。指挥部决定组织参战力量重新进入火场。同时，组织当地驻军增运沙袋进入现场，以备用于围堵可能再次发生的流淌火。

10 时 20 分，指挥部在增援泡沫液到齐后，决定立即调整力量对 607 号罐发起进攻。

10 时 58 分，609 号罐被引燃，罐顶爆裂掀开并呈猛烈燃烧状态，现场指挥部立即下达紧急避险命令。10min 后，罐体稳定燃烧，官兵再次进入阵地。根据火情，现场指挥部确定了“冷却控火，稳定燃烧，重点保护”的作战思路，重点冷却着火罐，保护临近罐。

9 日 1 时 10 分，607 号罐明火被扑灭。

2 时 57 分，609 号罐明火被扑灭，保持对 607 号、609 号罐冷却。

4 时 10 分，停止对 607 号罐的冷却，降低对 609 号罐冷却强度。

11 时 30 分，总队指挥人员、漳州支队参战力量留守现场实施监护，其余增援力量有序返回归建。

5. 工艺排险

12 时，现场指挥部使用无人机勘测中间罐区情况：607 号、608 号、610 号罐内还有一定深度的残液；609 号罐内物料已基本烧干。根据现场情况，指挥部决定由总队全勤指挥部和漳州支队 100 余名救援人员继续监护现场，组织工艺排险。至 4 月 15 日，罐内残液基本排空，险情完全排除。

四、经验总结

1. 初战力量集中调集

灾害发生后，漳州消防支队指挥中心及时逐级上报灾情，各级启动应急预案。福建消防总队第一时间调度 284 辆消防车，1239 名消防人员投入战斗。福建省政府先后调集货运专机 8 架次，大型运输车 30 台，从全省迅速调集了桶装泡沫 425t、各类灭火器材 13000 余件（套）、油料 15 万升。另外，广东消防总队迅速调集 38 辆消防车，179 名消防人员，山东、江苏、江西等省调集 1048t 泡沫增援现场。

2. 作战安全警戒到位

在整个火灾扑救、处置过程中，现场联合装置区吸附分离装置发生余爆 10 余次，燃烧油罐受天气等因素影响先后多次复燃，罐内残液不断闪燃闪爆，给现场处置带来了极大的困难和危险。现场设置安全员，判断爆炸复燃前兆。

五、反思与启迪

1. 存在不足

（1）装备建设水平仍需提高

福建消防总队配备的多是中低功率泡沫和水罐车，移动炮射程近，应对油罐火灾车炮流量和射程都明显不足。泡沫液储备，远程供水系统，侦察无人机，高喷车，泡沫运输车等化工灾害处置重型、新型装备物资配备不足。

另外福建消防总队并没有配备油罐爆炸预测预警装备，与福建快速发展的石化产业消防安全保卫需求不相适应。本次火灾发生的厂区，储油罐数量多，着火罐以及周围储罐受高温影响发生爆炸的危险性极大。比如在火灾初战时期，中间罐区 607 号、608 号重石脑油储罐和 610 号轻重整液罐破裂发生猛烈燃烧，罐区设施受损严重，现场有多人受伤。在控火冷却阶段，609 号罐被引燃，罐顶爆裂掀开并呈猛烈燃烧状态。虽然现场设置了安全员，通过经验观察判断爆炸前兆，但是没有使用油罐爆炸预测预警系统，不能科学准确地进行判断。如果在本次战斗中使用了该装备，那么安全员能够通过油罐形变量精准判断油罐是否达到爆炸状态，能够有效地帮助指挥员掌握火灾现场情况，减少人员的伤亡。

（2）作战指挥体系仍需完善

在重特大灾害事故面前，原有的灭火作战指挥体系已不能满足现场作战指挥需求，原有灭火预案和演练严重滞后于现实斗争需要。如古雷石化产业园在建设投产前期即制定了预案并开展了演练，同时邀请全国化工专家进行了预案评估。但通过此次战斗，发现在灾情设置、应急响应、力量调集、物资准备、组织指挥、技战术研究、战斗编成等方面，研判滞后，估计不足，与实战要求仍有很大差距。

（3）协同作战效能仍需要提升

此次作战，福建省内多个消防支队参战，广东消防总队增援，山东、江苏、江西等省运送泡沫，驻军、安监、治安、交警、交通、医疗、环保等多门协同作战。各部门之间的配合协同还不够顺畅，信息交流不够及时。

（4）实战化训练力度仍需加强

从此次实际作战效果来看，由于实战经验缺乏，救援人员在初期指挥、任务落实、协同配合、战术应用、装备合成、心理应激等方面都暴露出较多问题，导致部队作战的主动性、灵活性和持续性都大打折扣，最终出现了紧急撤离组织不够科学、现场不够有序的问题。

（5）事故处置现场秩序仍需规范

此次事故处置中出现车辆随意停放、水带铺设凌乱、进入产区的车辆未能及时佩戴阻火罩等现象，充分暴露出救援人员战斗素养不足。最终导致 4 月 8 日晚发生流淌火时因道路堵塞，17 部消防车滞留现场。

（6）灭火救援准备工作仍需改进

救援人员对轻重整液、重石脑油的理化性质以及扑救措施认识不足，故致使此次火灾经历 3 次扑灭、2 次复燃。同时对于罐区的灭火准备工作不够充分，暴露出灭火剂储备不足、社会联动力量调派不足、后勤保障不够到位等问题。

2. 措施

（1）完善战勤保障体系

应加大灭火救援物资的储备数量，配齐配强高精尖的车辆装备、油罐爆炸预测预警装备、灭火器材和高效灭火剂。进一步完善战勤保障体系建设，与地方灭火剂厂家加强协作，加大石化企业灭火药剂储量，建立战时保障机制，巩固联勤机制。

（2）培养专家骨干队伍

应成立化工灾害处置专家小组，定期召开联席会议，分析评估行业事故发展趋势，提出相应消防建设措施。建立化工事故处置专业培训机制，在消防救援队伍内培养一批不同化工灾害类型处置的业务骨干并形成梯次，形成每个消防总队都有应对本省主要化工灾害事故的骨干队伍。

（3）强化应急联动体系

完善政府各部门联动机制，通过定期演练提升联合处置重特大化工灾害事故的能力。建立健全与各单位技术人员的互联互通和应急调度机制，确保消防部队在参与各类化工灾害事故处置中，从物质特性、生产工艺、储罐类型、医疗急救等方面能及时得到专业指导和技术支持。

（4）规范指挥决策程序

针对重特大化工灾害类别和处置需求，制订石油化工灾害处置重型队、轻型队建设方案，并进一步规范力量编成、组织指挥、协同作战及力量投送等程序，指导各消防总队化工灾害处置专业队伍建设。完善跨区域力量调度增援方案，确保重特大化工灾害发生后，相关省份增援力量快速集结到达，有效协同战斗。

（5）落实实战演练工作

加强对企业工艺流程、储存形式和数量、平面图、水源道路、消防设施等基础资料的收集，确保作战时准确掌握现场情况，为科学施救、快速处置提供技术保障。扎实开展实战演练，认真研究冷却灭火、紧急撤离、火场供水、灭火药剂供给等技战术运用方法。

（6）增强战术素养养成

应进一步强化实战训练，利用石油化工企业装置和储罐区开展跨区域实兵实装拉动演练，增强救援人员协同配合意识。同时依托基地仿真模拟训练设施开展真火训练，严格基础业务训练，强化灭火救援技战术动作养成。

案例2　中石油胜利输油公司“8·12”黄岛油库特大火灾灭火救援战例

1989年8月12日9时55分，中国石油天然气总公司胜利输油公司黄岛油库一期工程五号油罐，因雷击爆炸起火。战斗中，五号油罐原油大火猛烈喷溅，导致四号油罐突然爆炸，继而引起一、二、三号原油罐和四个储油量40t的成品油罐相继爆炸，近4万吨原油燃烧，形成面积达1km^2的恶性火灾，致使青岛消防支队13名救援人员和青港消防队1人，油库消防队1人及4名油库职工牺牲；81名消防救援人员和12名油库职工受伤，8辆消防战斗车、1辆指挥车以及其他单位3辆消防车和2辆吉普车被烧毁。火灾直接经济损失3540万元。

一、基本情况

1. 黄岛油区总体布局

黄岛油库位于青岛市区以西2.5海里（约4.6km）的黄岛镇（现改为青岛市黄岛经济技术开发区）黄山东侧山坡地带，占地446亩（1亩＝666.67m^2，下同），与市区隔海相望。黄岛油库一期工程占地253亩，建有5座万吨以上油罐和1座15万吨水封式地下油库，总储油量22.6万吨。在一期油区北侧100m处，又开建了二期工程，占地196亩，建有6座可容5万吨原油的立式金属浮顶油罐，总储油量52.6万吨。位于二期工程北侧70m处，仅一路之隔的是青岛港务局油区，建有4座可容2万吨原油的地下油罐和11座立式金属成品油罐，总储油量11万吨。港务局油库以北与年输油能力1000万吨的一期输油码头相连；以东500m处为年输油能力1700万吨的二期输油码头。

2. 油库概况

黄岛油库西倚黄山海监局观测站，东侧以石岛街做隔，与航务二公司（内有小型油罐群）、长途汽车站、油库生活办公区相接，北邻港务局油区。库内南侧并列一、二、三号直径33m，高12m的立式金属油罐，罐距11.5m，分别储油7330t、7570t和7394t；库内中部分别是长72m、宽48m、深10.78m的四、五号容量为23000t的长方形半地下钢筋混凝土油罐，两者相距25m。当时四号罐距三号罐60m，五号罐距一、二、三号罐都在35m以内，高差均为7m。库内东侧和北侧为锅炉房、阀组间、计量站、变电站、加温站等。二期油区在一期油区五号罐以北150m处（高差16m）。其中二期油区一、二、六号罐分别储油4000t、13900t和5000t；三、四、五号罐尚未投入使用。

3. 油库消防设施

黄岛油库一期工程罐群设计不合理，间距过小，且全部建于山坡地带，消防设施不足，火灾隐患严重。油库设有专用消防泵房，油罐周围设置了泡沫灭火管线和冷却给水管线，供泡沫能力为1400L/s。油库内部除泵房一处储量4000t封闭式水池外，别无其他水源，可停车吸水的海边距油库近2000m。油库设有专职消防队，原编制35名，实有22名（含4名操泵工和1名长期病号）；原有消防车7辆，因损坏报废和调往外地等，现仅有3辆。起火时，该队有8人执勤，只有1名司机。

二、火灾特点

着火油库和油罐本身结构特点，所处的地理环境，储存油品的性质，使这起特大火灾具有以下几个方面的特点。

① 燃烧具有沸溢喷溅性。着火油罐储存的是原油，属于具有热波特性的油品，燃烧一段时间后，会发生沸溢和喷溅，使火势蔓延扩大，影响灭火战斗行动。

② 储存油品的储罐是半地下钢筋混凝土结构，在油品液面和罐顶之间容易形成爆炸性混合油蒸气，遇火源极易发生爆炸，爆炸造成的罐顶钢筋水泥砼碎块四处飞散，可能造成重大人员伤亡。

③ 油库规模大，储油量大，一旦发生火灾，灭火所需的力量多。

④ 油库本身的消防能力和当地扑救大型油库储罐火灾的能力都相对较弱，不能满足一次进攻灭火的需要。

⑤ 由于油库建在山坡上，在周围属于制高点，沸溢喷溅的燃烧油品，很容易顺势向四周流淌，造成大面积蔓延。

三、扑救过程

1. 冷却控制阶段

8月12日9时55分，黄岛油库五号罐遭雷击爆炸起火，形成3400m^{2}的大火。油库专职消防队立即出动，利用库区固定灭火设施，向临近的四号罐内灌射泡沫。同时出水枪冷却三、四号罐和下风方向的汽油罐，并用湿棉被将四号、三号罐顶的通风孔、呼吸阀封闭。

10时15分，经济技术开发区、胶州市和胶南县3个消防中队各2辆消防车从陆路赶赴现场。同时，调动10辆消防车、65名官兵，乘2辆指挥车通过轮渡向黄岛火区开进。航行途中，紧急调动市区中队10辆消防车随后赶往火场。

11时05分，第一批力量到达火场。各级指挥员立即进入火场侦察火情，并成立前线灭火指挥部。指挥部决定首先进行三方面工作：一是搞好火场警戒；二是全面侦察火场；三是迅速估算扑救大火所需力量，提供灭火方案。由于到场力量较薄弱，灭火指挥部决定加强冷却，等待增援。

11时49分，青岛支队第二批灭火力量12辆消防车抵达火场。此时，五号罐大火仍处于稳定燃烧状态，各邻罐和火区情况正常。指挥部决定对五号罐实施攻击灭火。

12时13分，五号罐火势突然增强，消防车漆顿时被烤焦。由于处境危险，指挥部被迫下令后撤，进攻灭火方案暂缓执行。

13时，风向突然变化，由东南风转为北风偏西，风力五、六级。使一、二、三、四号罐火场处于下风向，火场情况更加危急。

14时35分，稳定性燃烧达4个半小时之久的五号原油罐火情突变，火势骤然增大，原来的浓烟全部变为火焰，且颜色由橙红色变为红白色，异常明亮。指挥员紧急命令全体撤退。在撤退命令下达十几秒钟时，四号原油罐突然爆炸，几乎同时，一、二、三号油罐也相继爆炸，并燃烧起熊熊大火，燃烧面积瞬间扩至1km^2。青岛支队13名官兵英勇牺牲，66名官兵受伤，8辆消防车、1辆指挥车被烈火焚毁。二期工程油罐也被烈火包围，油火顺坡迅速向港务局油区蔓延，情况万分危急。

16时20分，被雷击爆炸的五号油罐，第二次发生喷溅。

19时50分，指挥部派青岛消防支队战训科人员到火场侦察。

21时许，胜利油田、齐鲁石化总公司等消防队10辆大型泡沫车赶到火场，进入二期工程罐区，扑灭了油罐附近部分明火，后见处境危险，迅速撤离。

0时50分，集结待命的青岛消防支队接到命令，带领6辆消防车，会同胜利油田，齐鲁石化总公司和烟台增援力量，立即进入二期罐区，按预定方案进行战斗。

1时20分，五号罐第三次大喷溅，火势猛烈扑向二期罐区，消防车又一次被迫撤离火区。

3时，在烈焰稍有下降，略趋平稳的情况下，各路力量重新进入库区，按原方案进攻。重点冷却二期二、六号罐，连续不间断地出水至凌晨6时，有效地阻止了火势蔓延，实现了冷却控制的预期目的。

2. 集中兵力，总攻灭火阶段

13日8时30分开始总攻，攻击力量分三组，每组3辆泡沫炮车，1辆干粉炮车轮番上阵，经三次攻击后，五号罐大火被压住，转为罐底弱火和内部暗火。

11时30分，针对火场实际情况，决定继续攻击尚未彻底熄灭的五号罐。

14时21分，五号罐大火被彻底扑灭，取得了总攻灭火阶段的初步胜利。在此基础上，指挥部又调齐鲁石化总公司高喷消防车到场，由5条供水线扑救阀组间大火，减轻流淌火对二期油罐的威胁，取得明显效果。

15时15分，对火场进行了全面勘察。此时一期油区一、二、三号油罐和阀组间、计量室、新港路东侧民房等处大火依然猛烈燃烧。

21时，为防止火情变化，威胁二期工程二、六号罐的安全，以原接力供水线路为主，继续冷却监护二期油罐群。

14日凌晨7时，先后扑灭了阀组间大火、新港路两侧大火、库区东部墙外地沟内大火和进攻地带。前线指挥决定利用消防车运水供给前方10辆大型泡沫车灭火。又将在胶州湾待命的济南、济宁、德州等地消防部队20辆消防车调到火场，参加总攻灭火战斗。

14日14时，仍在猛烈燃烧的三号油罐周围南、北、西三面阵地上，集中了10辆消防炮车，准备分两批轮番向罐内喷射泡沫。后方50辆消防车由消防艇供水，交替拉水，形成了强大的灭火阵容。

16时30分，下达了总攻命令，15min后，大火被压住；经第二次攻击后，火势迅速减小，只剩下罐底残火。

19时30分，三号罐大火被彻底扑灭，并将一、二号罐大火控制住。

21时30分，一、二、三号罐大火被彻底扑灭。至此，灭火战斗取得决定性胜利。

3. 全面出击扑灭地下管道暗火和残火阶段

14日22时，油库大面积猛烈燃烧被扑灭，指挥部决定留下青岛支队4辆消防车执行监护火场任务，其他大部分人员撤出火场休息。

15日1时05分，库区锅炉房处燃烧再次猛烈，并直接威胁二期工程六号罐的安全。在场监护力量全力扑救，并紧急调出休整待命的消防车增援灭火。

2时30分将火扑灭。青岛支队留下8辆消防车继续监护到7时。

7时，灭火大军重新上阵，兵分三路扑救地下管道各处暗火、残火。

16日0时30分左右，阀组间明火再次出现大面积复燃，在场监护力量紧急扑救，使火势转为暗火燃烧。

16日上午，灭火指挥部抽调胜利油田5辆消防车现场保护输油。库区灭火战斗仍采取向内灌注泡沫、填沙土的方法，分为三个战斗片，继续扑救库区内外管道暗火。

17时，库区各处火点全部扑灭，最后一支水枪停止出水。油库大火被彻底扑灭。

18时，向石油天然气总公司管道局正式交接火场。消防部队仍留5辆消防车执行现场监护任务。

四、经验总结

1. 跨区域协同作战效果显著，灭火战术高效落实

救援力量到场后，战术上坚决贯彻“先控制、后消灭”的原则，战斗部署稳

妥周密。在火情突变情况下，指挥员果断及时地下达撤退命令，最大限度减少了部队伤损。后期灭火战斗贯彻“集中兵力打歼灭战”的指导思想，采取分片攻击，各个击破的战术，取得成功。火场上自始至终战斗部署有条不紊，没有出现相互牵制、互相影响的混乱局面。

2. 指挥配合默契，社会力量辅助有力

爆炸起火后，市公安局立即成立了后方指挥部，时刻同火场保持着密切联系，及时传递各种信息和向火场输送物资。第二次爆炸后，市局指挥部快速反应，一边迅速派出治安、刑警、武警和边防近百名干警和三艘巡逻艇，渡海抢救伤员，一边与北航、港务局、卫生局等部门联系，派出直升机、船只和救护车全力抢运伤员。同时，市局各处、分局千余名干警紧急行动，开辟临时机场疏通路线，分头深入各医院，协助抢救。此后，市局指挥部根据火场需要，随时调动人员物资，保障了前线战斗顺利进行。

3. 疏散工作有效，避免群众伤亡发生

青岛消防支队到场后，见火场情况危急，及时提出紧急疏散周围群众、搞好火场警戒等措施。在黄岛区公安局的具体组织下，共疏散周围群众 1800 余户，10000 余人。第二次爆炸发生后，距火场 500m 内的居民住房和办公楼房大量被焚，正是由于采取了果断及时的疏散措施，黄岛区人民群众无一人伤亡。

4. 灾情研判严谨，动态应对生成方案

由于罐区火场情况复杂，危险程度较大，指挥员结合现场灾情进行了详细侦察分析，针对不同阶段灾情展开周密的部署，动态调整可应用的应急方案。第一批力量到场后，没有贸然开进库区，而是先进行侦察和部署，然后统一展开战斗。第二次灭火受阻后，大部分车辆奉命撤出库区，并做好了随时外撤的准备。在风向逆转、火势愈加猛烈后，指挥部再一次将前线战斗员压缩到最低程度，以致爆炸发生后，大部分救援人员得以安全撤离，最大限度地减少了伤损，保存了有生力量，使后来保二期、保油港的战斗任务得以胜利完成。

五、反思与启迪

1. 暴露出的问题

（1）救援人员自我安全意识有待提高

平时对救援人员应进行险恶环境中如何撤离，保证自身安全的训练，加强自我防护施救能力。此次灭火，在紧急撤退时，部分救援人员撤退和防护经验不足，此种现象表明，消防救援人员在险恶环境中安全防护、自我施救能力有待进一步训练加强。

（2）火场上应增强配备无线通信设备和使用高音喇叭指挥战斗

此类特大火灾，由于战场广阔，面大点多，战斗部位分散，按正常方式和少

量的无限通信工具传递命令受到限制。为了使各战斗部位能同时听到各项命令，指挥部除了增强配备无限对讲机外，还应在火场上设置高音喇叭，由前线总指挥员控制，及时发布各项命令。此次灭火，如照此法设置，各作战部队战斗行动会更加协调一致。

（3）必须做好周密充分的后撤准备和规定好撤出后的集结地点

扑救此类危险复杂的火灾，在组织进攻时，必须做好周密充分的后撤准备和规定好撤出后的集结地点。在扑救此次大火中，尽管指挥部对其危险性给予了充分正确预测，并做了随时准备后撤的具体部署，但仍有不完备之处。在如此险恶的罐群中作战，没有及时开辟一些应急通道。

2. 启迪

（1）大型储油区的选址、设计应进行周密的科学论证，充分考虑消防安全问题

黄岛油库建于山坡地带，各油罐间距较小，且一、二期工程罐群与港务局储油区紧密相连。这种布局本身潜伏着重大危险，一处油罐起火，极易造成邻罐爆炸。此次灭火，由于一期工程油罐间距小，布局严重不合理，灭火官兵只能深入罐群中间，在最危险的狭小地带冷却灭火。五号罐周围无环形消防通道，消防车停靠灭火和回转困难，遇到紧急险情不能及时撤出危险区，给指战员生命安全造成极大威胁。

（2）应加强油库本身的自救能力

黄岛油库一期工程油罐，均未按要求安装自动冷却装置。除了固定消防装置健全外，还应充分考虑这些装置遭破坏后的消防能力。此次黄岛油库大火在第二次爆炸后，库内给水设施全部被破坏，库区周围无一处可利用消防水源。消防车只得往返4000余米到港务局码头拉海水，供水路线需用十几部消防车才能接力供水，大大削弱了冷却和灭火强度。

（3）应有充足的移动式灭火力量

储油地区应加强移动式灭火力量的配备建设。黄岛油港、油库消防人员、车辆极为不足。此次五号罐因雷击爆炸开始燃烧面积并不太大，油库如有相应的灭火力量，有可能及时扑灭。除此之外，黄岛区乃至整个黄岛市消防力量均十分薄弱，作为灭火主力军的青岛消防支队警力不足，技术装备也很差。这次灭火，油港周围和青岛市如有相应充足的灭火力量，就有可能抢在风向逆转和喷溅爆炸之前，一举扑灭大火，及时消除后期出现的险情。

案例3　中国石油化工总公司“3·30”林源炼油厂原料油罐区特大爆炸火灾的扑救

1986年3月30日凌晨3时20分，中国石油化工总公司林源炼油厂21号蜡

油罐罐体破裂，引发火灾事故产生，造成直接经济损失达 133 万元，间接经济损失达 24 万元。此次火灾事故，历时 13 个小时 21 分钟，消防支队先后调集 10 个消防站、5 个企业专职消防队，共计 44 台消防车、38 台生产用大型水罐车、289 名消防救援人员参与灭火救援行动。

一、基本情况

林源炼油厂是中国石油化工总公司下属的一家大型炼油企业。此次火灾威胁的原油罐区内油罐分布密度大、输油管线纵横交错。其中，有 3 个 5000m^3 的原油罐、2 个蜡油罐、2 个渣油罐、17 个成品油罐、1 个重油泵房、1 个轻油泵房。同时，管区内虽然有环状消防给水管网，但供水压力较低，油罐设有半固定液下喷射泡沫灭火系统。

二、火灾特点

此次火灾事故中，高温油管破裂，导致高温油品泄漏，进而产生大面积流淌火，引发油罐的燃烧和爆炸，是一场十分复杂、扑救难度很大的火灾事故。

1. 火灾规模大，燃烧猛烈

大面积地面流淌火的辐射和烘烤，迅速使多个油罐发生爆炸，形成了大规模的油品燃烧，而且火势十分猛烈，巨大的辐射热使扑救十分困难。

2. 多种燃烧并存，救援难度大

由于油库区油罐、油泵房及输油管线分别起火，迅速形成立体燃烧，在燃烧过程中既有地面流淌火，又有沿油罐和管线的立体燃烧，既有罐顶的稳定燃烧，又有沸溢燃烧，使火灾场面极为复杂，加之供水水压不足，使扑救十分困难。

3. 火灾危险性大

在灭火过程中油罐发生了四次爆炸，并且发生一次沸溢，烧红的油罐随时都有坍塌的危险，使作战环境大大恶化，消防救援人员处在十分险恶的环境之下，时时都有牺牲的危险。

三、扑救过程

1. 接警后的行动

大庆消防支队十三中队于 3 时 30 分在电台里接到林源炼油厂消防队的报警，同时通过电台向支队火警总调度室报告。值班首长立即调动距该厂较近的四、七、十、十二中队奔赴火场。战训科值班人员于 4 时 03 分乘指挥车出动。支队值班首长接到报警后，感到力量不足，又调出了八中队和刚从另一火场下来的二中队到场增援，又调集 3 台干粉车、2 台黄河泡沫消防车增援火场，随后三名支队指挥员及时赶赴火灾现场。

2. 扑救经过

起火后，该厂消防队于3时35分首先到场，由于地面油品到处流淌，燃烧面积迅速扩大，火势蔓延极快。在到场后的10min内连续三次听到爆炸声。向北面低洼处流淌的油火已蔓延到2个5000m^{3}的油罐砖堤附近，原料油与成品油罐区之间的道路也被爆炸后飞溅过来的油火封锁。指挥员坚持"先控制、后消灭"的战术原则，同随后到场的八三输油管理处消防队一起出3支水枪堵截并消灭路面火灾，控制火势向成品油罐蔓延。

战训科指挥员到达火场后，将到场力量分成四个战斗段，利用厂区消火栓水源。四中队出2支泡沫枪，消灭铁路和栈桥一带的火焰，保护栈桥和油槽车；十中队和八三输油管理处消防队一起堵截重油泵房及沿房前管线向下风方向蔓延的火势；十三中队出3支水枪，消灭铁路北侧渣油罐砖堤外及栈桥端点西侧广大区域的地面火；七中队在19号罐北侧的上风方向出3支水枪直攻火点；十二中队出2支水枪堵截轻油泵房和内燃机车库的火势。

5时46分，支队总指挥员到场，再次进行火场侦察。已爆炸的19号原油罐由于管线闸门断裂，油品喷出4m多高，火焰高达30余米，起火的油流迅速蔓延扩大，严重威胁18号原油罐。

6时30分左右，18号原油罐发生爆响，揭开半边罐盖。约10min后，早已爆炸的20号蜡油罐，罐盖渐渐塌落，掉入罐内，呈敞开式燃烧，火势更加猛烈，火舌延伸40余米，火焰倾角60余度。情况万分危急，总指挥当机立断，迅速调整力量，立即调十二中队、四中队撤离原来阵地，同此时赶到火场的八中队一起，分别从南北两侧，强行攻入原料油和成品油罐区之间，在浓烟烈火下，出5支水枪冷却成品油罐。出2支水枪冷却22号原油罐，消除爆炸危险。命令石化总厂消防队，利用黄河炮，堵截沿18号两侧向东蔓延的火势。20min后，表面温度明显下降，但20号蜡油罐的火势却丝毫没有减弱。指挥员随即将林源炼油厂消防队的黄河泡沫车调到前沿阵地，用泡沫炮向罐内发射泡沫，很快将火势压了下去，但由于供水中断，火又复燃，这样反复两次。

8时24分，20号油罐火光突然发亮，黑色的浓烟变白，大量油泡群溢出罐外，发生"沸溢"。2min后，"沸溢"停止，浓烟又起。为保证灭火用水，指挥员采取灵活机动的战术，决定：暂时停止十二中队保护成品油罐的冷却用水，转而为黄河车供水。同时指挥工人群众，为黄河车添加泡沫液，并且命令八中队黄河车调转炮口增援20号罐。15min后，20号蜡油罐的大火被扑灭。指挥员抓住战机，命令十二中队出2支水枪、四中队出1支水枪顺势前进，攻入砖堤内，在命令林源队黄河炮继续供给泡沫、增加厚度的同时，命令八中队黄河炮变泡沫为水，改用水炮冷却罐壁，防止复燃。20号蜡油罐火灾被扑灭，彻底解除了大火对10号轻柴油罐、11号污油罐和16号汽油罐的威胁，从而奠定了夺取全线胜利的基础。

8时30分左右，18号原油罐在上风火焰的烘烤下，发生了第二次爆炸。由于罐盖与罐体已经裂开，没有引起更大的危险。

14时06分，18号原油罐第三次爆炸。火场指挥部决定：组织工人群众筑堤挖沟，将聚积在砖堤内的油品疏导到西面的开阔地上；同时准备海藻席和毛毡，利用覆盖的方法，改变油流的喷射方向，降低火焰高度，将立体燃烧变为平面燃烧，再集中力量灭火。

15时20分发动进攻。该厂副厂长带领70余名工人群众，在水枪的掩护下，强行逼近火点，用一百多捆海藻席将闸门断裂处盖住。这时利用五支水枪，六支泡沫枪，以消防车所能给予的最大供给强度进行扑救，经过22min的鏖战，终于将这个战斗段的大火扑灭了，全面控制了火势。

这时，整个火场只剩下第八战斗段的23号罐还在燃烧，指挥员命令利用液下喷射装置喷射氟碳蛋白泡沫灭火。同时，一中队利用曲臂高喷车喷洒泡沫，命令四中队和十二中队互相配合，利用黄河移动炮，从液上喷射，形成上下合击的攻势，配合灭火。其他战斗段撤下来的水枪纷纷主动过来参加围歼战斗，协助冷却油罐。20min后，液下喷射奏效，大火渐渐熄灭了。由于这个罐燃烧时间长，罐壁保温层厚，温度高，停止输液后不久，又重新复燃。此时已无氟碳蛋白泡沫，只好用普通蛋白泡沫，同时进行液上和液下喷射。

16时56分将大火彻底扑灭，取得了整个灭火战斗的胜利。

四、经验总结

1. 要集中使用兵力于主要方面

石油化工火灾属于特殊对象的火灾事故，因此接到火灾报警后，要及时、集中调派增援力量。并且，指挥员必须根据火情和兵力情况，把兵力集中部署和用于火场的主要方面，才能发挥灭火力量应有的最大作用。“3·30”林源炼油厂火灾事故中，在火势发展蔓延期，指挥员采取“先控制、后消灭”的战术措施，将兵力集中于堵截火势在不同区域的蔓延；在油罐发生爆炸，产生大量热辐射威胁临近罐区时，指挥员选择加大临近罐体冷却强度，保护未燃烧罐体等，为顺利消灭火灾奠定坚实的基础。

2. 要持续进行侦察行动

火场侦察，是火场指挥员调整战斗力量部署的关键，应当贯穿于灭火救援行动的全过程。石油化工火灾火势蔓延迅速，更应当不间断地进行火场侦察活动，以了解、评估火场态势，做出针对性强的战术措施。“3·30”林源炼油厂火灾事故中，十三中队的第四战斗段的指挥员，针对易燃液体形成的大面积流淌火灾情，一方面利用地形地物，巧选进攻路线；另一方面将靴筒灌满水，防止烫伤。同时，针对性采取“穿插分割、逐片消灭”的战术措施，有效地消除了火势对下风方向各段的压力。

3. 要强化协同作战配合

灭火救援行动中，强化协同作战，有利于集中现场救援力量，共同处置灾害事故。“3·30”林源炼油厂火灾事故中，消防队、企业专职消防队、义务消防队、广大工人群众密切配合、协同作战，共同加泡沫液、拉水带、挖沟筑堤、排油导流等，是此次火灾成功扑救的重要条件。

4. 要加强工艺处置措施与消防技战术措施的联合应用

石油化工火灾发展蔓延过程中，着火区域临近的设备、容器及管道因受到强烈火势的作用，极易发生物理性爆炸或者化学性爆炸。因此，要加强关阀断料、泄压排爆、紧急停车等工艺处置，与冷却控制、堵截蔓延、倒料传输等消防技战术措施的联合应用，防止油罐发生爆炸等险情出现，导致事故态势进一步恶化。

5. 要强化固移结合的战术意识

火灾扑救中，应根据火势及险情状况、火场客观环境的有力与不利因素和灭火力量条件，充分发挥火场已有的固定消防设施和到场的移动消防装备的作用，科学高效地将灭火进攻与安全防御有机地结合起来，做到攻中设防、防中施攻、攻受兼备；以固为主、固移结合，力求灭火手段互补，灭火成效最大化。

本书所介绍的油罐爆炸预测预警装备作为先进的可移动式消防装备，如果能够应用到油罐火灾现场，将能够充分发挥出其在火灾等不利的环境因素下精确测量油罐形变量的优势，极大地提高灭火效率，更好地保护灭火救援战斗人员。比如本次火灾中，第18号罐的大爆炸，现场若配备了该爆炸预警装置，完全可以科学、准确、及时地判断出油罐所处的状态，便于指挥员的现场处置，更好地应对火灾险情，降低装备和人员的伤亡。

案例4 辽宁沈阳“9·01”大龙洋石油有限公司油库区爆炸火灾扑救

2001年9月1日凌晨4时30分，沈阳市于洪区沈阳大龙洋石油有限公司在倒油过程中，汽油从油罐内外溢，挥发到160m外的汽车库内，司机发动汽车引燃汽油挥发气体，导致油罐爆炸起火。事故发生后，沈阳市消防支队共调集17个消防中队、2个企业消防队、84辆消防车、580名救援人员参加到场处置。桃仙机场消防支队、抚顺市消防支队、辽阳市消防支队、辽化消防支队派出19辆消防车、60名救援人员到场增援，12时51分大火被成功处置。

一、基本情况

爆炸起火处是油罐区内东北侧砖墙钢屋架石棉瓦盖建筑物内的8个油罐（总

容积为 3200m^3 的汽油和柴油)。距起火油罐南侧 30m 处建筑物内还有大龙洋公司 6 个柴油罐，总容积 6000m^3。

距起火油罐西侧 20m 处是联汇石油有限公司油罐区。有 5 个立式汽油和航空煤油罐，从西向东序号为 1～5 号，总容积 5000m^3；另外还有 27 个卧式柴油罐，总容积 1620m^3。距起火油罐南侧 7m 处，仅一墙之隔的铁路专用线上停放两列 22 节柴油油罐槽车，总容积 1100m^3；铁路专用线南侧站台上还停放 3 辆汽车柴油槽车，总容积 54m^3。毗邻着火油罐的还有大龙洋公司、联汇公司 63 个油罐，近 1400m^3。距起火油罐东北侧 260m 处是于洪区公路段加油站；300m 处是于洪区液化气站，有 50m^3 液化气储罐 1 个。距起火油罐东南侧 950m 处是巢湖加油站；960m 处是沈阳市石油总公司于洪油库，储存柴油总容积 38000m^3。

二、火灾特点

① 本油库区自身防火设计达不到要求，加之周围毗邻的危险单位众多，使得发生火灾后的危险性显著增大。

② 起火油罐处在建筑物内，虽然爆炸后建筑物只剩下墙体，但车辆、人员都不易靠前，这就给火情侦察、冷却及灭火增加了极大的难度。

③ 火场内部罐区交错排布，且主要储存热值较高的汽油、航空煤油和柴油，毗邻加油站、液化气站，现场共发生三次爆炸，火场危险性较高。

如图 7-1 所示是火灾现场示意图。

距起火油罐东北侧 260m 处是于洪区公路段加油站；300m 处是于洪区液化气站，有 50m^3 液化气储罐一个。

距起火油罐东南侧 960m 处是巢湖加油站；950m 处是沈阳市石油总公司于洪油库，储存柴油总容积 11000m^3。

三、扑救过程

1. 接警出动

9 月 1 日凌晨 4 时 33 分，消防指挥中心接到沈阳大龙洋石油有限公司起火的报警后，立即调集出动 6 个消防队、9 辆泡沫车、26 辆水罐车和支队 260 名救援人员赶赴火场实施扑救。

4 时 37 分后，开发区和铁西、启工 3 个消防中队相继到达火场，油罐区内东北侧砖墙钢屋架石棉瓦盖建筑物内 8 个油罐都已经爆炸起火，正处于猛烈燃烧阶段，大火直接烘烤西侧距着火油罐最近的沈阳市联汇石油公司油罐区内的 5 号 1000m^3 的汽油罐。油罐区 200m 范围内地面上的杂草和其他可燃物全部起火，南侧铁路专用线上的枕木、西南侧办公楼下的车库、配电室也都已起火。消防救援人员立即展开灭火战斗，分别冷却联汇公司 5 号油罐，消灭地面上、配电室、铁路枕木和办公楼下车库火灾。

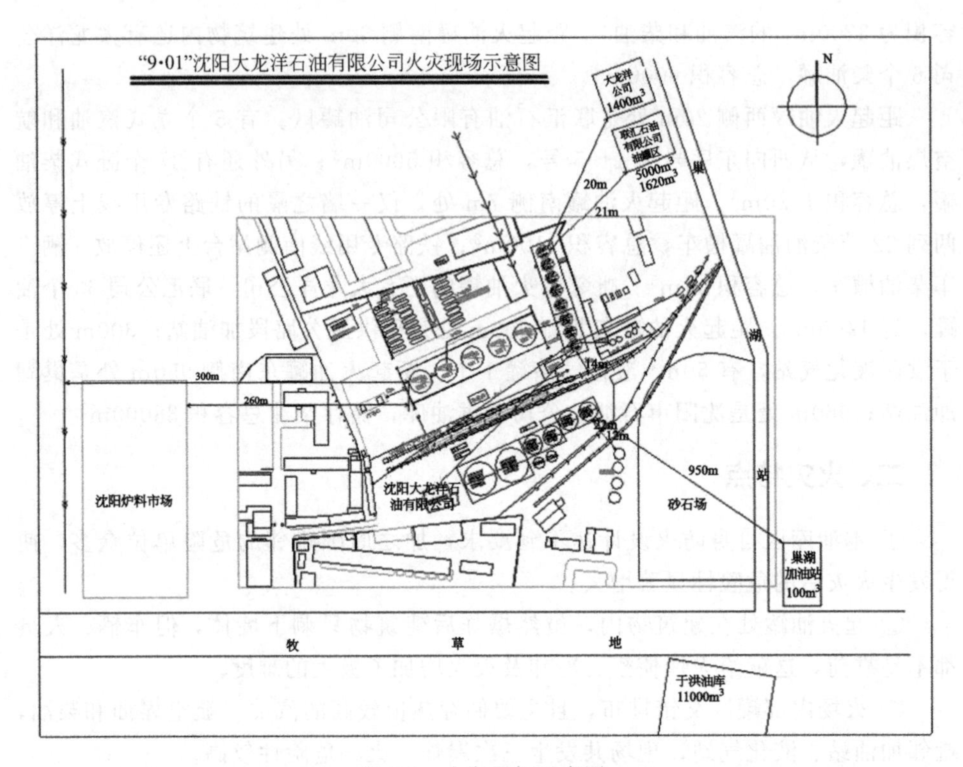

图 7-1 火灾现场示意图

2. 战斗组织

根据现场情况分析可得：如果联汇公司的 5 号油罐爆炸起火，会迅速引起 1～4 号油罐爆炸起火，继而引起油罐区 71 个油罐的连锁爆炸起火，还会引起毗邻的加油站、液化气站、油库的大爆炸。

4 时 58 分，现场成立灭火指挥部，立即调集城区所有消防水罐车、泡沫车、干粉车及维修车、供油车和所有的战斗人员、机关干部迅速赶到火场；请求桃仙国际机场消防支队狂牛化学水炮车到场增援。指挥部根据火场形势和周边情况，经过紧急研究，确定了灭火方案。

① 控制 8 个油罐大火，消灭周围 200m 以内火灾，阻止火势再向四周蔓延。

② 集中力量冷却保护联汇公司的 5 个汽油罐，重点是 5 号油罐。

③ 启动联汇公司 1～5 号油罐的固定水喷淋装置。

④ 利用市政消火栓、附近单位的储水池，组织长干线供水和水罐车运水供水。

⑤ 调集 3 辆卡车从泡沫液厂向现场运送泡沫。

⑥ 在起火油罐西部筑起防护堤，防止火势向联汇石油公司油罐区蔓延。

⑦ 调火车头牵走铁路线上的两列油槽车，调清障车拖走站台上的 3 辆汽车油槽车。

⑧ 请市公安局调集警力，在火灾现场 500m 范围内设置警戒线，疏散群众，维护现场交通、治安秩序；调集城建、交通、卫生等部门的 10 辆市政洒水车、20 辆运沙车、10 辆混凝土浇灌车、20 辆救护车、4000 条编织袋和 200 名民工到达火灾现场。

⑨ 通知市自来水公司加大火场区域水源压力；通知煤气、电业等部门迅速切断该地区的气源和电源。

⑩ 待油量减少，温度降低，火势减弱，燃烧进入衰减阶段时，进行总攻灭火（做了喷射泡沫灭火试验，由于 8 个油罐都安装在近 $1000m^2$ 建筑物内，虽然屋盖都炸飞了，但还有 8m 多高的砖墙挡着。从油罐管道和法兰盘泄漏出来大量的汽油流淌到地面上，从地面到罐体，近 $1000m^2$ 面积都是油火，而且正处于猛烈燃烧阶段，人员不能靠近油罐，大部分泡沫灭火剂被火破坏和被风吹走，很难射进建筑物内，更不能灌进着火油罐内，暂时不能有效灭火）。

参战人员按照指挥部的统一部署，在起火油罐西侧的 5 号油罐迎火面设置 4 支水枪，在 4 号储罐处设置 2 支水枪，在西北侧卧式罐群处设置 2 支水枪，在南侧罐群处设置 2 支水枪，冷却油罐罐体；在东侧设置 4 支水枪，堵截火势向东侧居民区蔓延。

3. 技术战术措施

为节省油罐喷淋用水量，延长喷水冷却时间，重点保护联汇公司 5 号罐，将 1 号、2 号、3 号油罐水喷淋关闭，4 号油罐喷淋 5min 停 5min，间歇性喷淋。

用狂牛化学水炮车和高喷车向燃烧油罐区喷射泡沫，降低燃烧威力，缓解大火对 5 号油罐的威胁。

用 55 辆消防水罐车，占领 15 处消火栓、3 个蓄水池，接力形成 5 条供水长干线；用 36 辆消防水罐车往返运水直接为前线阵地供水。

火情越来越危急，指挥员又请示省消防救援总队，紧急调派抚顺、辽阳、辽化消防支队化学水炮车到场增援。

着火油罐除了自身着火外，地面上的油火也在灼烧着油罐，由于罐盖在爆炸时没有完全裂开，罐内的温度和压力骤然升高。

8 时 40 分左右，着火的 4 号油罐再次发生物理性大爆炸，整个罐盖被掀开，翻滚的火焰高达 70 多米，瞬间沸溢的油火通过墙垛、窗口从墙壁上直泻下来，火势向西侧联汇石油公司油罐区迅速蔓延，火场上的温度骤然升高四五百摄氏度，消防救援人员继续堵截火势，冷却油罐。

9 时左右，2 号、6 号油罐再次大爆炸，建筑物西侧围墙一半以上轰然倒塌，火球飞出二三十米远；地面上大火冲过西侧和南侧的空地，防护堤以及南侧铁路、南侧油罐区、联汇公司的油罐区。火场指挥部果断下令：立即撤退，转移阵地。

官兵们后撤到 40m 处，大火冲进西侧联汇公司油罐区内 30m，包围 5 号和 4

号油罐。

指挥员果断下令，马上反攻。冷却5号罐的阵地恢复了。

5号、4号油罐水喷淋因400m^{3}水池里的水用光而突然断流，风又由东刮向西，火焰和高温全部压向5号油罐。指挥员马上命令，再上去4名官兵、增加2支水枪，加强对5号油罐的冷却；并命令北侧中间阵地的狂牛化学水炮车在向着火油罐区喷射泡沫的同时，交替向5号罐喷射泡沫，进行冷却。

警戒线扩大到3km，警戒线内所有人员全部疏散。

桃仙机场的狂牛化学水炮车被从北侧紧急调动到南侧阵地上，在消灭火龙、阻止火势向南侧蔓延的同时，交替向5号油罐和着火油罐区喷射泡沫。

9时20分左右，大龙洋公司油罐区内的1号、3号、5号油罐又接连发生大爆炸，大火比第一次、第二次爆燃时更猛烈，火场温度越来越高。

9时30分左右，指挥员为了防止起火油罐区剩下的半截围墙再次倒塌，减小大火对联汇公司5号油罐的威胁，将高喷车从南侧阵地调整到中间原来沈阳支队狂牛化学水炮车的阵地上，加速向起火油罐区内不间断地喷射泡沫。

10时30分左右，指挥员又将到场增援的抚顺市消防支队的狂牛化学水炮车调派到北侧阵地上，让辽化消防支队增援的移动式泡沫炮和沈阳支队的另两支移动式泡沫炮，抵近着火罐区，用3辆狂牛化学水炮车、1辆高喷车和3支移动式泡沫炮一齐向着火油罐区内喷射泡沫，强行压制火势。

由于水炮需要的水量太大，高喷车和每台狂牛化学水炮车都需2～3条供水管线加压供水，后方供水很难满足要求。指战员利用浮艇泵、吸水管就地把火场中流淌到低洼处的污水吸到消防车水罐内，重复利用，在很大程度上缓解了缺水的危机。

按照以往的常规，泡沫消防车每次罐装泡沫液后，泡沫炮喷射完就要停下来，待重新装满泡沫液后再喷射。但在这次灭火中，为使狂牛化学水炮车不间断喷射泡沫，强行压制火势，指挥员打破常规，命令几十名官兵头顶肩扛，把100多千克的泡沫桶推到泡沫消防车上，并源源不断地灌装进泡沫罐里，使狂牛化学水炮车得以不间断地喷射泡沫。

4. 总攻灭火

11时左右，随着起火油罐内油量逐渐减少，温度逐渐降低，火势有所减弱。指挥部决定马上增加10支移动式泡沫炮和泡沫枪，抵近着火油罐区发起总攻。

12时51分大火被扑灭。

四、经验总结

1. 正确运用灭火战术，随机应变，科学决策

火灾扑救过程中，正确运用了“先控制，后消灭”和“攻防并举，固移结合”的战术原则，现场指挥部在处置该起火场时，正确把握了火场主要方面，同

时，不仅充分考虑了石油化工油罐火灾危险性高、处置难度大的特点，而且针对现场实际情况，创造性地运用了一些有针对性的技战术措施。这些创造性的做法以及根据实际情况提出或调整有针对性的技战术措施的方法，具有较强的借鉴意义。

2. 指挥果断，把握灭火战斗的主动权

这次起火的油罐区储油量大，燃烧猛烈，火灾处置过程中，共发生三次爆炸，同时伴随流淌火，多次危及执勤作战力量的完整性，指挥部充分评估了每一次爆炸的影响，并提出相应的处置对策，爆炸发生时及时撤离，爆炸发生后果断进攻堵截火势，火势较弱时果断采取总攻，由于指挥部决策果断，没有使毗邻的大龙洋公司 6 个汽油、柴油油罐全面燃烧，导致灾害不可控。同时，指挥部对现场危险性评估较准确，曾两次请求增援，多次调动相关联动力量，增援力量的及时到场是这起火灾被成功处置的重要保障。

3. 合理运用了现代化的消防器材装备

桃仙国际机场消防支队和抚顺消防支队的 2 台狂牛化学水炮车的到场，为成功地扑救这起大火发挥了重要的作用。狂牛化学水炮车是沈阳消防支队在 1997 年 3 月引进的第一台大型现代化消防水炮车。这种消防车在当时，作为一种新型装备，在这起火灾中发挥了重要作用，指挥部在充分考虑现场情况的前提下，合理运用了当时的新型装备，为成功处置这起火灾提供了保障。

此次火灾的成功扑救，更显示出了现代化消防器材装备在灭火战斗中起到的不可忽略的重要作用。类似的火灾再次发生，如果能够装备本书所介绍的油罐爆炸预测预警技术，将会给火灾现场指挥员装上能够预判油罐爆炸的“眼睛”，指挥战斗更加如臂使指。比如此案例中，8 点 40 分左右，着火的 4 号罐发生的物理大爆炸，现场要是有爆炸预警装置，指挥员可以通过实时的监测，科学准确地提前判断出油罐即将爆炸，可以有效地下达撤离命令，保护现场消防救援器材以及灭火救援人员的安全。

附 录

附录A 试验1无火条件下雷达、激光形变量比对完整试验数据

附表A 试验1无火条件下雷达、激光形变量比对数据

压力范围/MPa	时间/s	雷达形变量/mm	激光形变量/mm
0～0.5	204	0	0.02
	204.5	0.03	0.06
	205	0.04	0.13
	205.5	0.08	0.15
	206	0.11	0.15
	206.5	0.14	0.22
	207	0.17	0.25
	207.5	0.25	0.30
	208	0.27	0.35
	208.5	0.33	0.37
	209	0.42	0.43
0.5～1.0	330.5	0.50	0.49
	331	0.57	0.54
	331.5	0.67	0.65
	332	0.73	0.72
	332.5	0.80	0.78
	333	0.87	0.88
	333.5	0.87	0.93
	334	0.90	0.96
	334.5	0.91	0.95
	335	0.93	0.95
1.0～1.5	388	0.93	0.94
	388.5	1.0	1.04
	389	1.10	1.17

续表

压力范围/MPa	时间/s	雷达形变量/mm	激光形变量/mm
1.0～1.5	389.5	1.20	1.27
	390	1.33	1.42
	390.5	1.50	1.63
	391	1.67	1.79
	391.5	1.83	2.11
	392	1.97	2.34
	392.5	2.13	2.65
	393	2.30	2.84
	393.5	2.47	2.98
	394	2.53	3.05
	394.5	2.55	3.10
	395	2.57	3.11
	395.5	2.65	3.12
	396	2.67	3.12
	396.5	2.65	3.12
	397	2.65	3.12
1.5～2.0	472.5	2.70	3.15
	473	2.80	3.18
	473.5	2.93	3.23
	474	3.13	3.38
	474.5	3.30	3.62
	475	3.50	4.0
	475.5	3.67	4.32
	476	3.87	4.54
	476.5	4.07	4.64
	477	4.27	4.78
	477.5	4.43	4.93
	478	4.67	5.09
	478.5	4.87	5.25
	479	5.03	5.41
	479.5	5.23	5.51
	480	5.43	5.61
	480.5	5.63	5.70
	481	5.83	5.76

续表

压力范围/MPa	时间/s	雷达形变量/mm	激光形变量/mm
1.5～2.0	481.5	6.0	5.97
	482	6.20	6.13
	482.5	6.30	6.28
	483	6.37	6.31
	597	6.43	6.35
	597.5	6.47	6.52
	598	6.60	6.68
2.0～2.5	598.5	6.77	6.89
	599	6.90	7.36
	599.5	7.07	7.57
	600	7.23	7.72
	600.5	7.37	8.01
	601	7.50	8.11
	601.5	7.63	8.15
	602	7.77	8.27
	602.5	7.83	8.33
	603	7.97	8.51
	603.5	8.03	8.58
	604	8.13	8.61
	604.5	8.26	8.66
	605	8.37	8.69
	605.5	8.43	8.75
	606	8.53	8.79
	606.5	8.60	8.87
	607	8.73	8.96
	607.5	8.67	9.06
	608	8.93	9.16
	608.5	9.03	9.34
	609	9.17	9.69
	609.5	9.27	9.81
	610	9.40	9.98
	610.5	9.47	10.26
	611	9.57	10.54
	611.5	9.73	10.81

续表

压力范围/MPa	时间/s	雷达形变量/mm	激光形变量/mm
2.0～2.5	612	9.83	11.0
	612.5	9.93	11.10
	613	10.07	11.26
	613.5	10.23	11.34
	614	10.33	11.43
	614.5	10.47	11.51
	615	10.63	11.66
	615.5	10.73	11.82
	616	10.90	12.23
	616.5	11.07	12.58
	617	11.23	12.81
	617.5	11.45	12.93
	618	11.54	12.99
	618.5	11.73	13.13
	619	11.88	13.43
	619.5	12.08	13.86
	620	12.20	14.17
	620.5	12.33	14.14
	621	12.67	14.20
	621.5	12.77	14.63
	622	12.88	14.89
	622.5	13.13	15.04
	623	13.25	15.07
	623.5	13.35	15.13
	624	13.67	15.17

附录B 试验2有火条件下雷达、激光形变量比对完整试验数据

附表B 试验2有火条件下雷达、激光形变量比对数据

压力范围/MPa	时间/s	雷达形变量/mm	激光形变量/mm
0～0.5	61.5	0.06	0.03
	62	0	0.09
	62.5	0	0.13
	63	0	0.17
	63.5	0.03	0.17
	64	0.1	0.16
	64.5	0.07	0.18
	65	0.1	0.18
	65.5	0.2	0.18
0.5～1.0	130	0.33	0.14
	130.5	0.41	0.15
	131	0.45	0.21
	131.5	0.53	0.29
	132	0.54	0.39
	132.5	0.56	0.49
	133	0.58	0.56
	133.5	0.61	0.67
	134	0.63	0.76
	134.5	0.73	0.76
1.0～1.5	194.5	0.77	0.77
	195	0.80	0.93
	195.5	0.97	1.09
	196	1.20	1.26
	196.5	1.20	1.36
	197	1.23	1.41
	197.5	1.23	1.53
	198	1.47	1.66
	198.5	1.63	1.78
	199	1.67	1.86

续表

压力范围/MPa	时间/s	雷达形变量/mm	激光形变量/mm
1.0～1.5	199.5	1.83	1.92
1.5～2.0	249.5	1.90	1.89
	250	1.91	1.98
	250.5	1.93	2.13
	251	2.0	2.18
	251.5	2.27	2.30
	252	2.23	2.47
	252.5	2.47	2.53
	253	2.60	2.67
	253.5	2.60	2.74
	254	2.30	2.79
	254.5	2.53	2.81
	255	2.70	2.83
	255.5	2.43	2.85
	256	2.47	2.85
	256.5	2.60	2.85
	257	2.60	2.87
	257.5	2.67	2.89
	258	2.68	2.92
	258.5	2.53	2.94
	259	2.73	2.97
	259.5	2.47	3.01
	260	3.07	3.05
	260.5	2.50	3.11
	261	2.83	3.15
	261.5	3.40	3.23
	262	3.13	3.33
	262.5	3.63	3.39
	263	2.87	3.43
	263.5	2.70	3.49
	264	3.23	3.52
	264.5	2.90	3.54
	265	3.60	3.57
	265.5	3.03	3.59

续表

压力范围/MPa	时间/s	雷达形变量/mm	激光形变量/mm
1.5～2.0	266	3.10	3.62
	266.5	3.20	3.65
	267	3.10	3.68
	267.5	3.37	3.72
	268	3.01	3.81
	268.5	3.33	3.84
	269	3.50	3.87
	269.5	3.43	3.92
	270	3.07	3.95
	270.5	3.23	3.97
	271	3.63	3.98
	271.5	3.57	3.98
	272	3.63	3.97
	272.5	3.33	3.98
	273	3.23	3.98
	273.5	3.57	3.99
	274	3.43	3.99
	274.5	3.63	3.98
	275	3.73	3.97
	275.5	3.67	3.98
	276	3.73	3.99
	276.5	3.83	3.98
	277	3.78	3.98
	277.5	3.63	3.98
	278	3.65	3.99
	278.5	4.10	3.98
	279	3.83	3.98

参 考 文 献

[1] 高庆伟，高庆山，武常青. 储油罐种类及罐区防雷技术分析 [J]. 城市建设理论研究，2014 (27).

[2] 傅智敏，黄金印. 大型地上立式油罐区火灾爆炸危险与灭火救援 [J]. 消防科学与技术，2012，31 (7)：746-750.

[3] 马海清. 大型油罐区蒸气云爆炸事故多米诺效应研究 [J]. 武警学院学报，2013，29 (12)：54-57.

[4] 郑力翀. 大型钢储罐爆炸动力响应及热屈曲数值模拟 [D]. 杭州：浙江大学，2015.

[5] Chang J I，Lin C C. A study of storage tank accidents [J]. Journal of Loss Prevention in the Process Industries，2006，19 (1)：51-59.

[6] 傅智敏. 常压地上立式油罐火灾爆炸危险与灭火救援 [C] //2012 中国消防协会科学技术年会论文集 (上). 2012.

[7] Bjerketvedt D，Bakke J R，Wingerden K V. Gas explosion handbook [J]. Journal of Hazardous Materials，1997，52 (1)：1-150.

[8] 任韶然，李海奎，李磊兵. 惰性及特种可燃气体对甲烷爆炸特性的影响实验及分析 [J]. 天然气工业，2013，33 (10)：110-115.

[9] ACCIDENTS ANALYSIS AND SAFETYE VALUATION BASED ON CATASTROPHE THEORY [C] //International Symposium on Safety Science and Technology. 2000.

[10] 王震，胡可，赵阳. 拱顶钢储罐内部蒸气云爆炸冲击荷载的数值模拟 [J]. 振动与冲击，2013，32 (20)：35-40.

[11] Zakrisson B，Wikman B，Häggblad H A. Numerical simulations of blast loads and structural deformation from near-field explosions in air [J]. International Journal of Impact Engineering，2011，38 (7)：597-612.

[12] 路胜卓，张博一，王伟. 爆炸作用下薄壁柱壳结构动力响应实验研究 [J]. 南京理工大学学报 (自然科学版)，2011，35 (5)：621-626.

[13] 王志荣，蒋军成，李玲. 容器内可燃气体燃爆温度与压力的计算方法 [J]. 南京工业大学学报 (自然科学版)，2004，26 (1)：9-12.

[14] 郭吉红. 压力容器爆炸事故分析和后果预测 [J]. 工业安全与环保，2005，31 (9)：52-54.

[15] 马清. 大型油罐区蒸气云爆炸事故多米诺效应研究 [J]. 武警学院学报，2013，29 (12)：54-57.

[16] Baker W E. The elastic-plastic response of thin spherical shells to internal blast loading [J]. ASME Journal of Applied Mechanics，2010，27 (1)：139-144.

[17] Daniel. Simulation of a detonation chamber test case [R]. Proceedings of the 3th European LS-DYNA user conference，2001.

[18] Coward H F，Jones G W. Limits of Flammability of Gases and Vapors [R]. US Bureau of Mines，Bulletin 503，Washington DC，2009.

[19] 赵衡阳，王廷增. 贮油罐的爆炸模拟试验 [J]. 北京理工大学学报，1990 (3)：16-21.

[20] 韦世豪，杜扬，王世茂. 储油条件下拱顶油罐的油气爆炸实验 [J]. 中国安全生产科学技术，2017 (9)：152-157.

[21] 杜扬，王世茂，齐圣. 油气在顶部含弱约束结构受限空间内的爆炸特性 [J]. 爆炸与冲击，2017，37 (1)：53-60.

[22] 李阳超，杜扬，王世茂，等. 端部开口受限空间汽油蒸气爆燃超压特性研究 [J]. 中国安全生产科学技术，2016，12 (7)：32-36.

[23] Cammarota F，Benedetto A D，Russo P，et al. Experimental analysis of gas explosions at non-at-

mospheric initial conditions in cylindrical vessel [J]. Process Safety & Environmental Protection, 2010, 88 (5): 341-349.

[24] Duffey T A, Mitchell D. Containment of explosions in cylindrical shells [J]. International Journal of Mechanical Sciences, 2007, 45 (3): 56-59.

[25] Buzukov A A. Forces produced by an explosion in an air-filled explosion chamber [J]. Combustion Explosion & Shock Waves, 1980, 16 (5): 555-559.

[26] Kornev V M, Adishchev V V, Mitrofanov A N. Experimental investigation and analysis of the vibrations of the shell of an explosion chamber [J]. Combustion Explosions and Shock Waves, 2009, 35 (3): 345-350.

[27] Kailasannath K, Oran J P, et al. Determination of Detonation Cell Size and the Role of Transverse Waves in Two-Dimensional Detonations [J]. Combustion and Flame. 2006, (61): 199.

[28] Vasilevs A A. Shockwave Parameters on explosion of cylinder charge in air. Combustion Explosions and Shockwaves, 2001, 45 (4): 9.

[29] 陈利琼，冯雨翔，宋利强，等. 大型油罐火灾爆炸危害范围研究 [J]. 中国安全生产科学技术，2018，14 (01)：100-105.

[30] Daniel. Simulation of a detonation chamber test case [R]. Proceedings of the 3th European LS-DYNA user conference, 2001.

[31] 苏东亮. 对重大危险源安全预警系统的探讨 [J]. 工业安全与环保. 2005，31 (11)：53-54.

[32] Fuertes A M, Kalotychou E. Optimal design of early warning systems for sovereign debt crises [J]. International Journal of Forecasting, 2007, 23 (1): 85-100.

[33] Tung W L, Quek C, Cheng P. GenSo-EWS: a novel neural-fuzzy based early warning system for predicting bank failures [J]. Neural Netw, 2004, 17 (4): 567-587.

[34] Groot W J D, Goldammer J G, Keenan T, et al. Developing a global early warning system for wildland fire [J]. Forest Ecology & Management, 2007, 234 (2006): S10-S10.

[35] Cervone G, Kafatos M. An early warning system for coastal earthquakes [J]. Advances in Space Research, 2006, 37 (4): 636-642.

[36] 李雨成，刘天奇，周西华. 基于主因子分析与BP网络的煤尘爆炸预警研究 [C]//全国采矿学术会议. 2015.

[37] 于首行. 基于危险源理论煤矿瓦斯灾害监测预警技术及其应用研究 [D]. 包头：内蒙古科技大学，2015.

[38] 李贺朋. 煤矿井下瓦斯爆炸风险关联预警模型研究 [J]. 内蒙古煤炭经，2015 (6)：31-32.

[39] 郭鹏，乔凡. 煤矿作业中瓦斯爆炸安全预警系统探究 [J]. 中国科技信息，2014 (3)：128-129.

[40] 周华春. 煤矿瓦斯爆炸动态安全预警系统中物联网技术探讨 [J]. 煤炭技术，2013 (10).

[41] 张勇. 煤矿瓦斯爆炸预警系统的功能及其内容模式研究 [J]. 山东工业技术，2013 (9)：91-92.

[42] 李润求. 煤矿瓦斯爆炸灾害风险模式识别与预警研究 [D]. 长沙：中南大学，2013.

[43] 刘晓宇. 煤矿瓦斯爆炸安全预警系统研究 [J]. 中国市场，2012 (10)：75-76.

[44] 刘晅亚，张清林，秘义行，等. 型石油储罐区火灾风险预测预警技术研究 [J]. 消防科学与技术，2012 (2)：192-196.

[45] 李俊慧. 基于SFCW的GB-InSAR形变监测技术研究 [D]. 成都：电子科技大学，2016.

[46] 岳建平. 变形监测技术与应用 [M]. 北京：国防工业出版社，2014.

[47] 屈立军，王兴波. 底框架商住楼在火灾中倒塌时间预报方法及仪器 [J]. 消防科学与技术，2010，29 (6)：478-481.

[48] 王兴波，汪剑鸣，钱崇强. 图像匹配技术在建筑火灾倒塌预警研究中的应用 [J]. 武警学院学报，

2009，25 (6)：34-36.
[49] 赵旭辉. 基于光纤陀螺的桥梁微小形变检测技术 [J]. 四川建材，2017，43 (1)：162-163.
[50] 曹海林，尹朋，管伟，等. 基于光载无线的大型构件形变监测技术 [J]. 世界科技研究与发展，2013，35 (3)：370-373.
[51] 张海燕. GPS定位系统在油罐监测方面的应用 [J]. 科技传播，2016，8 (5).
[52] 徐雪. GPS技术在水库大坝变形监测中的应用 [J]. 科技创新与应用，2018 (4).
[53] 卫建东. 现代变形监测技术的发展现状与展望 [J]. 测绘科学，2007，32 (6)：10-13.
[54] 陈哲. 基于测量机器人技术的大型储油罐几何形体变形检测的研究 [D]. 青岛：山东科技大学，2015.
[55] 吴昊，贾勇帅，魏超. 基于TM30的立式储油罐变形分析 [J]. 测绘与空间地理信息，2017 (6)：154-155.
[56] 张柱柱，焦光伟，祁志江，等. 基于三维激光扫描技术的拱顶油罐罐顶变形检测 [J]. 后勤工程学院学报，2017，33 (3)：40-43.
[57] 胡俊，丁晓利，李志伟，等. 基于Kalman滤波的多平台InSAR三维形变监测技术 [C] //中国地球物理学会年会.
[58] 李军. 立式圆筒形储罐的选型 [J]. 城市建设理论研究，2014 (15).
[59] 刘巨保. 拱顶储罐顶壁连接处破坏机理研究与试验验证 [J]. 压力容器，2012，29 (7)：1-8.
[60] 李建华. 灭火战术 [M]. 北京：中国人民公安大学出版社，2014：42.
[61] 甘维兵. 基于光纤陀螺的桥梁微小形变检测技术 [J]. 中国惯性技术学报，2016，24 (3)：415-420.
[62] 崔帅. 压缩感知在航海雷达中的应用研究 [D]. 大连：大连海事大学. 2016.
[63] 林志昕. 毫米波雷达在军事对抗中的应用 [J]. 中国科技投资，2017 (11).
[64] 谭智. 雷达生命探测仪在消防救援中的应用探讨 [J]. 军民两用技术与产品，2017.
[65] 狄建华. 油库爆炸危险性分析 [J]. 油气储运，2002，21 (9)：45-46.
[66] 杨光辉. 大型油罐火灾爆炸危害性研究 [D]. 青岛：中国石油大学. 2007.
[67] 苑静. 石油储罐火灾爆炸危害控制的研究应用 [D]. 天津：天津理工大学，2009.
[68] 国家安全生产监督管理总局. 安全评价. 北京：煤炭工业出版社，2005.
[69] 吕商羽. 火灾条件下固定顶油罐罐体形变量测量方法研究 [J]. 消防技术与产品信息，2018，31 (01)：25-29.
[70] 陆胜卓，陈卫东，王伟，等. 拱顶储油罐爆炸作用下的动力响应数值模拟 [J]. 油气储运，2017，12：1-7.
[71] 史可贞，屈立军，高小明. 钢原油罐罐壁火灾失效数值分析 [J]. 消防科学与技术，2016，35 (07)：892-895.
[72] 周丽芳. 池火灾中原油储罐的热和力学响应研究 [D]. 南京：南京工业大学，2008.
[73] 邢志祥，王欣欣. 池火灾下立式油罐喷淋冷却数值模拟研究 [J]. 工业安全与环保，2015，41 (12)：15-18.
[74] 梁金忠，马昌华，等. 西安“3·5”液化石油气泄露爆炸事故原因分析 [J]. 劳动保护，2000 (8)：43-44.
[75] 戈明涛. 火灾环境中液化石油气储罐的热和力学响应的研究 [D]. 南京：南京工业大学，2001.
[76] 牛蕴. 火灾环境中液化石油气储罐的热和力学响应的研究 [D]. 南京：南京工业大学，2001.
[77] 邱水才，张玲艳，李云. 拱顶罐的弱顶结构失效分析 [J]. 广州化工，2018，46 (23)：128-130.
[78] 张莹娜，吴家祥，占双林，等. 基于有限元分析的大型油罐大角焊缝结构研究 [J]. 有色设备，2018 (05)：26-29.

[79] 田军，丁晓霖，吴子今，等. 立式圆筒形钢制焊接储油罐有限元分析及优化 [J]. 机械工程与自动化，2018 (04)：62-63.

[80] 徐磊，李阳超，雍歧东，等. 弱顶结构立式拱顶油罐爆炸超压评估研究 [J]. 天然气与石油，2017，35 (06)：117-122.

[81] 赵珍奇. 拱顶储罐制作、安装施工技术 [J]. 科技与创新，2016 (09)：160-161.

[82] 石磊. 大型原油储罐的强度与稳定性研究 [D]. 北京：中国石油大学，2016.

[83] 马丽娟. 自支撑拱顶主要设计参数的选取 [J]. 石油和化工设备，2016，19 (01)：33-34.

[84] 张博一，李前程，王伟，等. 大型浮顶储油罐爆炸动力响应及破坏机理 [J]. 哈尔滨工业大学学报，2014，46 (10)：23-30.

[85] 魏强，王硕. 化工企业立式圆筒形拱顶储罐的设计分析与探讨 [J]. 中国氯碱，2014 (04)：40-42.

[86] 王金龙. 大型储罐液固耦合模态数值的模拟 [J]. 济南大学学报（自然科学版），2014，28 (01)：77-80.

[87] 王峰，王强，孙元晖. 分析 ANSYS 在大型储油罐上的应用 [J]. 化工管理，2013 (10)：168.

[88] 赵春庆. 储油大罐静力学分析及优化设计 [J]. 油气田地面工程，2013，32 (02)：33-34.

[89] 周小虎，李晓辉，杨斌. 拱顶罐和内浮顶罐储存油品效果对比分析 [J]. 中国石油和化工标准与质量，2013，34 (04)：270-271.

[90] 庄舰，熊瑞斌. 基于有限元方法的大型储油罐顶网壳稳定性分析 [J]. 机械科学与技术，2012，31 (09)：1490-1493.

[91] 宁波，刘永军，于保阳，等. 油罐车火灾场景下斜拉桥钢索极限承载力有限元分析 [J]. 钢结构，2012，27 (02)：68-72.

[92] 吴晓滨. 拱顶油罐顶壁连接处承载截面的合理计算 [J]. 化工设备与管道，2010，47 (04)：6-8.

[93] 孙志刚，许克军. 大型储油罐有限元分析及优化设计 [J]. 现代制造技术与装备，2009 (04)：16-17.

[94] 关文. 低压拱顶罐安全技术探讨及应用 [J]. 石油化工安全技术，2004 (02)：41-44.

[95] 贾磊. 拱顶油罐罐顶爆裂的原因分析及预防措施 [J]. 油气储运，2002 (08)：52-54.